大場吾郎［編著］

放送コンテンツの海外展開

デジタル変革期におけるパラダイム

The Overseas Expansion of Broadcast-related Content Business

中央経済社

はしがき

　本書のタイトルにある「放送コンテンツの海外展開」とは何を意味するのだろうか。2004年度から毎年「テレビ番組の輸出金額」をまとめてきた総務省情報通信政策研究所は，2013年3月発行のリポート「メディア・ソフトの制作及び流通の実態に関する最新動向」の中で初めて「日本の放送コンテンツの海外展開」として集計結果を発表している。さらに翌年4月には「放送コンテンツの海外展開に関する現状分析」というタイトルのリポートが発行され，番組放送権輸出額とそれ以外の海外市場への輸出額を区分して，それぞれのデータが採録されている。

　このように「放送コンテンツの海外展開」という言葉が使われ始めたのは，海外市場において日本の放送番組を活用した多様なビジネスが胎動しつつある中で，従来からの伝統的な放送権販売が既にその1つの手法に過ぎないことが含意としてあるように感じられる。例えば，その他の有力な手法としては番組フォーマット販売が挙げられる。これは既存番組の企画や制作ノウハウなどを海外に販売するものであり，番組そのものを販売するものではないため，番組放送権販売の範疇には収まらない。これらのことを勘案すると，近年人口に膾炙することも増えた「放送コンテンツの海外展開」とは，厳密には「放送番組関連ビジネスの海外展開」と呼ぶべきものであり，本書でもそのような意味で用いている。

　昨今の放送コンテンツの海外展開においては，日本国内で放送された番組を海外へ販売する2次利用という枠組みを超え，そこに含まれるストーリーやキャラクターといった諸要素を知的財産（Intellectual Property: IP）として捉え，メディアミックスなどを通して海外ビジネスに活用することへの広がりが見られるし，販売実績も増加している。その背景には，コンテンツビジネス自体の熟練化もあるだろうが，ボーダーレス化やネットワーク化に象徴される映

像メディア環境の変容，国内における内需縮小とそれに直面する実務家の意識変化，さらには公的支援の充実などが重層的に発生しており，それぞれが有機的に結びついている点に注意を払う必要がある。

　ビジネス・スキームとプレイヤーの参入・活動が拡張する中で進展している放送コンテンツの海外展開であるが，その多様化・複雑化する状況を整理し，分析する取り組みはほとんどなされていない。そのような文脈において企図された本書は，放送コンテンツの海外展開を理論と実践双方の視座を織り交ぜながら多角度的かつ網羅的に考察し，そのメカニズムを解明するとともに諸問題と今後の展望を探る初の専門書といえる。それぞれに特色のある全9章によって構成されており，各章の著者が専門的な知識と視点を生かしながら論考の執筆を担当している。

　第1章では放送コンテンツの海外展開における歴史的経緯を追っている。近年，官民挙げての取り組みが活発化する中で一般的な関心も高まりつつある海外展開だが，実は1960年頃から今日に至るまで約60年という長い歴史がある。その間，国内外の放送産業における技術革新や制度的枠組み，視聴者の嗜好はもちろんのこと，政治，外交，経済，社会，文化などにおける諸相の変容から影響を受けて海外展開の形態は変化し続けてきたが，その一方で蓄積された経験をどのように活用できるかが問われている。

　第2章では国際テレビ番組見本市に焦点を当てている。メディア環境が激変する中，世界各国の番組取引関係者が一堂に会する見本市で取引される番組のセールス手法に変化が起こり，Netflixら配信プラットフォーマーの台頭によってビジネストレンドも変わりつつある。見本市におけるこれらの変遷を見ていくことは，放送コンテンツの海外展開を理解する上で非常に役立つものであり，また，セールスの実践においてどのようなビジネス戦略を立てるべきかを考える上での糸口にもなり得るだろう。

　第3章では映像産業に関連する政策と成果を論じる。米欧間では映画・放送番組，配信映像の国際流通について長く激しい対立・議論が存在している。一方，20世紀にはその蚊帳の外にあったわが国の映像産業振興政策も，2000年代

には考え方，2010年代には政府予算の転機を迎えてきた。コロナ禍までわが国の放送番組と映画の国際展開は金額数量的には伸びており，過去には海外番販に無縁であった事業者の参入，また主要な事業者のビジネスモデルの進化も見られるといった点において，政策投資は成果をあげていると考えられる。

　第4章では，アジア地域における日本の放送コンテンツをはじめとする各種コンテンツへの親和性とメディア活用の実態について，官公庁やシンクタンク等のデータを俯瞰して分析している。ここから得られた主な知見として，ASEAN地域では日本のアニメやテレビドラマ，劇映画，漫画など様々なコンテンツに対する親和性があること，そして，日本の情報入手に際しては，従前からのテレビ番組の活用に加え，インターネットの普及を背景とした各種SNSサービスや動画サイトなどメディアの重層的な活用が浸透しつつあることが指摘されている。

　第5章では大阪の準キー局や各地のローカル局，すなわちキー局以外の放送局がコンテンツの海外展開を始めたきっかけや，その取り組みがインバウンド拡大にどのように貢献してきたかを具体的に紐解く。アフターコロナ期のインバウンド復興に向けて，地域に密着した準キー局やローカル局に求められているのはどのような内容の情報発信なのか，そして，海外展開を推進する過程で，インバウンドに関してどのようなビジネスモデルを生み出すことができるのかを筆者自身の実務経験を交えて論じている。

　第6章では，輸出される放送コンテンツの約8割をも占めるアニメに焦点をあてる。アニメを産業として捉え，日本経済が停滞する中でも成長し続けるアニメの意義について考察する。まず，その発展の歴史をふまえた上で，現在産業全体の成長を牽引する海外輸出について現状と課題を論じ，海外展開において必須となるローカライゼーションについては事例も交えながら解説する。さらに成長分野であるインターネット配信については，グローバルな動画配信事業者がどのようにアニメを捉えているか，そしてそのビジネスの日本への影響について解説する。

　第7章では世界展開を目指す番組フォーマットの開発方法を分析している。

クリエイターたちへの調査から，マーケティング主導，ファクトベース，ブレンドといった開発方法を導き出すとともに，イギリスBBCなどの実例から，開発チームのメンバー構成にみられるパターンを紹介するとともに，組織のクリエイティビティ強化の方法も明らかにしている。さらに，世界に羽ばたくフォーマットを生み出す方法を通して，日本のメディア関係者の日々の業務にも活用可能なアイデアの生み出し方を提示する。

第8章では，放送コンテンツの海外展開において度々その煩雑さが指摘されてきた権利処理を詳説する。まず，番組の具体例を挙げ，演出家，プロデューサー，映画製作者である放送事業者，原作者，脚本家，劇伴音楽の作曲家，放送実演家，レコード実演家，レコード製作者が法によりいかなる権利を有しているかを説明する。続いて，それら権利者から海外利用にあたり具体的にどう許諾を得ているかを述べ，リメイク権，フォーマット権の法律問題についても解説する。

第9章では，放送コンテンツの海外展開における課題と今後の方向性を主に動画配信プラットフォームとの関連性を軸にして考察している。動画配信サービスのビジネスモデルに関する概説に続いて，日本の映像コンテンツ事業者が諸外国の巨大動画配信プラットフォームとの協働をどのように自社の成長戦略に活かしうるかを検討する。さらに，巨大プラットフォーム間での覇権争いも予想される世界動画配信市場において，日本独自のプラットフォーム構築の可能性を議論する。

2020年，新型コロナウイルス感染症の世界的流行が市民生活や経済活動に多大な影響を及ぼした。放送コンテンツの海外展開という枠組みにおいても，番組制作が止まって相手国に新作の納品が出来ない，あるいは，フォーマット権やリメイク権を売っても相手国で番組制作が止まっているといったような状況を耳にすると，あらためてコロナが全世界を巻き込んだパンデミックであることを実感させられた。各国で外出禁止や海外渡航制限が続く中，日本各地の名所や特産品を紹介する番組と連動する訪日インバウンドも消散してしまった。

その一方で，在宅巣ごもり消費の拡大によって動画配信サービスの需要は一

層高まり，上記のように新作が供給できない状況下でも，ある放送局には海外から旧作ドラマの再ライセンスへの要望が増えたという。また，これまで世界中の関係者が集まって盛大に行われていた番組見本市も，その多くがオンラインで開催されるようになる中，従来の方式に比べて効率性の高さが認識されたという意見もある。

　2021年の現段階でも景気回復へのシナリオは不透明な部分が多いが，将来的に訪れるであろう，いわゆるアフターコロナの世界においては，多くの領域で不可逆的なビジネスモデルの変化が求められることになると推測される。放送コンテンツの海外展開も例外ではなく，その新しいあり方を探り，混沌とした時代を切り拓いていく必要に迫られることになるだろう。本書に収められた論考における数々の知見がその道標となり，ささやかな貢献を果たすことができれば幸いである。

　末筆になるが，本書の刊行にあたって中央経済社の酒井隆氏から多大なる支援と数々の適切な助言を頂いた。コロナ禍の中での編集作業は平時以上に御苦労も多かったと推察されるが，本書が滞りなく出版されたのはひとえに酒井氏の御尽力の賜物であり，この場を借りて厚く御礼申し上げる。

2021年7月

大場　吾郎

Contents

日本アニメの産業としての成長 ———— 115

効率的フォーマット開発と日本の可能性 ———— 139

第**1**章 放送コンテンツ海外展開 60年の通史的考察

　近年，官民挙げての取り組みが活発化し，様々な施策が実行されている放送コンテンツの海外展開だが，実は今日に至るまで約60年という長い歴史がある。本章では60年間の経緯を跡づけた大場［2017］を主に引照・整理しながら，その変遷を考察する。

1　1960年代 ── 草創期

　1953年に日本でテレビ放送が開始されると，やがて人気を集めるようになったのは，テレビ放送を前提としてフィルムで撮影・編集されたテレビ映画だった。当初はアメリカからの輸入が多かったが，やがて国内でも映画会社を中心に製作されるようになり，1950年代末には日系人が多いハワイへ向けて輸出が始まった。東映初のテレビ映画『風小僧』が1959年8月にハワイのエージェントに販売され，翌年までの間に現地で放送されているが，管見の限りでは，今日につながる放送コンテンツの海外展開の嚆矢と位置づけることができるだろう。

1-1　世界に認められる番組と国際交流

　1960年代にテレビ放送産業が右肩上がりで成長する中，日本の番組関係者の間では海外，特に欧米諸国で認められるような番組を制作することが大きな目標となった。そのような意識の高まりを反映したのが著名な国際番組コンクー

ルへの積極的な出品で，1962年にドキュメンタリー番組『老人と鷹』（日本テレビ）がカンヌ国際映画祭グランプリ，1966年に連続ドラマ『源氏物語』（毎日放送）がエミー賞入賞といった快挙も成し遂げられた。

　1950年代に日本映画はその芸術性の高さをもって日本の大衆文化の豊饒さを世界に知らしめたが，1960年代には番組関係者にその役割を引き継ぐ自負心が育ちつつあったとも考えられる。さらに日本の放送機関も当時，国際親善や国際理解への貢献を掲げてテレビ外交を活発に展開しており，外国の放送機関との連携を深める中で番組交換や番組頒布が放送局トップの肝煎りで行われることもあった。

1-2　海外市場に対する意識の萌芽

　しかしながら1960年代の番組の海外展開は専ら文化発信や国際交流の立場によるもので，ビジネスの視点が欠如していたというわけではない。

　1964年にTBSでは「世界市場開拓のための製作体制・販売体制の検討」が経営施策の１つとして挙げられた。これは同局が放送した『私は貝になりたい』をはじめとするドラマが西ドイツなどへ販売された実績を踏まえての提案だったが，一方で「この段階ではまだ，国内放送のための番組がたまたま輸出されたという，いわば副次的産物」で「今後の作品には国際市場を考慮に入れての制作が行われるようになろう」という見解も示されていた（東京放送［1965］p.20，p.194）。海外を市場として意識していた点は注目に値するし，そのためには現地の嗜好にあった作品を企画・制作する必要があることに半世紀以上前に着目していた点は慧眼と言える。

　1960年代にはいくつかの民間放送局内に国際関係業務を行う部局が設置され，NHKもNHKインターナショナルへ委託する形で海外からの番組提供要請に応える形を取り始めたが，実際には海外市場への番組販売（以下，海外番販）は低収益にとどまることが多かった。TBS国際室の担当者は「一般的にいって番組輸出はちっとももうかるものではない。（中略）東南アでは三十分番組が一

本十万円という例もあります」と語り，NHKインターナショナルでも「日本の紹介というか，正しく認識してもらうのが目的で，もうけの方は二の次」といった声が聞かれた（毎日新聞［1969］）。

　1960年代は日本のテレビ番組の海外展開が手探りで始められた草創期と位置づけられる。しかし現実には海外市場で高い商品性を持ち，高値で販売されるような番組は限られており，海外番販担当者は早くも国際流通の障壁に直面した。それでも海外番販が続けられたのは，自分たちが作った番組を海外に出すことは壮大な挑戦で，そのこと自体に意義があり，収益の低さに目をつぶってでも行う価値があると考えられたからだろう。そのような考え方は輸出初期に特有のものだろうが，その後の海外展開への期待の表れでもあった。

1-3　アメリカが求めたアニメ番組

　今日に至るまで海外で受容される日本の番組の中で重要な地位を占め続けているアニメも1960年代に輸出が始まった。日本初の連続アニメ番組『鉄腕アトム』は1963年5月にアメリカ3大ネットワークの1つであるNBCに販売され，9月に全米各地で放送が始まると子供たちに大評判となる。販売額は1本1万ドル（当時のレートで360万円）で，『アトム』を製作した虫プロダクションにとっては日本国内での放送だけでは埋まらない赤字を補填して余りある額だった。

　アメリカでは折からの子供向け番組不足の中で日本のアニメ番組への需要が一気に高まり，『アトム』に続いて販売された『鉄人28号』や『エイトマン』，『ジャングル大帝』，『マッハGo Go Go』なども人気を集めた。ドラマなどの実写作品と違って，アニメは作中に日本の生活文化や日本人が現れない作品も多く，国際流通に適しているという見方は当時から有力だった。

　しかし一方で，暴力描写などが子供向け番組に適切な表現範囲から逸脱していると輸出先で問題視されることも少なくなく，『アトム』にしてもNBCの放送番組基準に不適格として計6話の放送が見送られている。原作者である手塚

治虫は「これはアメリカだけでなく国際的に通用する基準。（中略）国際的感覚でこんご作っていく」と語ったが（読売新聞［1964］），日本で問題なく放送された番組の内容が受入国の文化や価値観に抵触しうるという事実は，そのような情報も認識も不足していた当時，関係者を困惑させたと推測される。

（原文ママ）

2　1970年代 —— 停滞期

1960年代に夢と希望が膨らんだ海外展開だったが，1971年にUNESCOの支援によって行われたテレビ番組輸出入に関する初の国際比較調査では，「日本はアメリカ，中国に次いで輸入番組の比率が低いが，番組輸出に関しても言葉の障害の問題があり，それほど多くない」とまとめられている（Nordenstreng & Varis［1974］p.12, p.37）。実際，当時の日本の輸出番組の総量は約2,200時間で，アメリカの約20万時間と比べると差は歴然としていた。日本は既に工業製品などの財は多く輸出していたが，文化や情報はあまり輸出していない国だったのである。

2-1　アメリカとアジア，それぞれの市場

1970年代までにテレビ番組の輸出は小規模ながら継続的に行われて来たが，主な販売先は西・北欧諸国，アメリカ，オーストラリアなどだった。中でも安定した市場はハワイやアメリカ西海岸といった日系人居住地域だった。ハワイの各局は1960年頃から日本の番組を放送していたが，日系人視聴者の間でより長時間の放送を渇望する声が高まる中，1967年には海外初の日本語テレビ局としてKIKU-TVが誕生した。さらに1970年代に入るとアメリカ本土でも日系企業が地元の放送局のチャンネルを一定時間だけ借りて，日本から購入した番組を編成・放送する日本語テレビ放送が現れ始めた。

一方，アジア諸国はその多くが経済的に停滞しており，さらに戦時中の日本の侵略を端緒とする反日感情が残っていることから有力市場と見なされなかっ

たが，いくつかの国・地域では日本企業の進出と日本人の長期滞在者増加に伴って，日本の番組が多く放送されるようになる。今日に至るまでアジアは日本のテレビ番組にとって主要な市場であり続けることになるわけだが，その萌芽が1970年代に見て取れる。

イギリスの統治下にあった香港では，欧米のドラマの人気が下火になると，それに代わって「日劇」と呼ばれた日本のドラマが人気を集め始めた。香港の番組購入者にとって日本の番組は高値だが，現地に進出している日本の大企業をはじめとするスポンサーからの要望は高かった（毎日新聞［1971］）。しかし番組内容が現地の放送法の規定に抵触し，放送禁止や修正を余儀なくされる番組も少なくなく，「日本番組は趣味が悪く子どもじみており男性中心」とか「日本製スーパーヒーローものは，暴力を美化し，道徳をねじまげ，非現実的で破壊的」といった報告もなされた（杉山［1983］p.189）。

タイでも日本の番組の人気は高く，放送番組全体の30％近くに達するほどだった。しかし東南アジアへの日本企業の積極的な進出に対して経済侵略との批判が高まり，タイでは大規模な反日運動や日本製品の不買運動が発生すると，その矛先は日本の番組にも向けられた。学生や一般市民からの声を受け，表向きは「公序良俗に反し，社会に害を及ぼす」という理由でタイ政府は日本の番組の放送数削減を発令し，実際に減った。

しかしその後，日泰関係が良好に転じる中で日本の番組の放送本数は，番組内容に大した変化があったわけではないにもかかわらず，1週間に25本程度にまで復活した（朝日新聞［1974］）。二国間関係とそれに伴う国民感情の変化が相手国で作られた番組の放送に影響を与えることが顕著に現れた事例だろう。

2-2　テレビ映画が輸出された理由

アメリカの日本語テレビ放送，それに香港やタイといったアジア諸国で1970年代に放送されていた日本のドラマ作品は，その多くがテレビ映画である。放送事業者が製作したテレビドラマが海外にほとんど販売されない一方，映画会

社や制作会社が製作したテレビ映画が多く輸出されたのは，いくつかの理由による。

　例えば，1960年代から引き続き日本国内ではテレビ映画が大量に作られていたが，テレビ局からの放送権料だけでは制作費を埋めることが難しく，また作品あたりの収益最大化のためにも海外への販売を含めた再利用が検討された点が挙げられる。さらに，テレビ映画製作の主な担い手だった大手映画会社は以前から自社の劇場映画を輸出しており，海外ビジネスに長けていたこともプラスに作用していたと考えられる。

　もう1つの理由としては，テレビ映画の海外への販売にかかる権利処理が比較的簡易だった点が挙げられる。放送局が製作するテレビ番組は通常，放送だけを想定して俳優など権利者と契約が結ばれており，海外番販のように放送以外の用途で利用する場合はあらためて許諾を得る必要がある。ところが権利者全員から許諾を得ることは困難な上，各人へ支払う使用料の配分方法も決まっていなかった。一方，テレビ映画は劇場映画同様，出演契約を結んだ俳優らの権利は作品が二次利用される際には及ばないことが一般的であり，したがって海外への販売に際しても新たに許諾を得る必要はなかった。

　放送事業者が自社製作の番組を海外に売ろうとすれば，煩雑な権利処理などで膨大な手間がかかることは不可避だったが，そのように面倒な割に海外番販の収益性は不確実だった。放送産業が急成長し，広告市場の拡大によって国内放送に伴う収入だけで十分な利益が生まれるようになる中，放送事業者が海外番販に必然性を見出せなくなっていたとしても不思議ではない。

2-3　ヨーロッパへのアニメ販売の急増

　制作会社が海外番販に積極的に乗り出したという点ではアニメ番組も同様だった。1960年代のアメリカに続き，1970年代には新たな市場としてヨーロッパ諸国，特にフランスとイタリアが浮上してきた。

　フランスでは1978年に放送が始まった『UFOロボ・グレンダイザー』が人

気を集め，キャラクター商品なども飛ぶように売れるなど，社会現象と化した。当時アニメーション番組をフランス国内で制作すると1分当たり約3万〜4万フランかかるのに対し，日本からアニメを購入する場合は1,000〜2,000フランと廉価だった（ペリヤ［1983］p.154）。アニメは内容の面白さだけでなく，強い価格競争力も兼ね備えていたことがわかる。

イタリアでは1970年代後半に乱立した新興民間放送局が一様に子供向け番組としてアニメを求めた結果，ローマでは約30あった放送局の夕方の時間帯が日本のアニメ番組でほぼ独占された（毎日新聞［1981］）。作品ジャンルで見るとSF・ロボットものと少女・魔法もの，名作ものが大多数を占めていたが，1975年から1980年までの間に日本で制作されたアニメ番組のジャンルもそれら3ジャンルの合計が全体の81％に達していた（佐田［1983］p.116）。

注視すべきは，現地で放送されるジャンルと日本国内で制作されるジャンルの相関性の高さである。敷衍すれば，既に多くのアニメ番組が海外市場での放送を視野に入れて制作されていたことの表れとも考えられる。

3　1980年代 ── 転換期

1980年頃を境にして，放送事業者が外部制作のドラマやアニメなどの販売窓口権を獲得し，海外への販売に乗り出すケースが目立ち始める。結果として1980年代初頭に海外番販は金額にして毎年20〜30％の増加を記録し，キー局（東京に本社を置き，民間放送の系列ネットワークで中心となる局）での合計は10億円に達した（日経産業新聞［1982］）。

しかし販売対象国は依然として欧米諸国が中心であり，1970年代に日本のテレビ映画が人気を集めていたアジア諸国に対して真剣に取り組む放送局は少なかった。欧米諸国に1万ドル程度で売れる番組が，アジアの国には200ドル程度でしか売れないとすれば（Variety［1981］p.49），売る側とすれば前者に注力するのは当然だろう。

3-1　中国の改革開放政策と日本の番組

　アジア諸国の中で注目を集めたのは中国で，1970年代末から80年代初頭にかけて改革開放路線を歩み出そうとしていた中，日本の映画やテレビ番組が提供された。中国側に購買力がないため，日本のテレビ番組は広告主である日本企業がスポンサーとして放送枠を買い取り，諸費用を負担して放送するという形が取られた。『赤い疑惑』などのドラマや『一休さん』などのアニメの影響は大きく，中国社会や中国人の変化への作用のみならず，日本や日本人に対するイメージを改善するとともに他の日本文化や日本製品が中国へ普及して行く下地を作ったとも考えられる。

　また1980年代になると，日本国内における中国への関心の高さに応える形で日中共同制作番組も多く登場した。日本の放送局の申し入れに応じた中国側には，日本の資金のみならず，優れた放送技術や制作ノウハウを導入したいという狙いがあった（劉［2016］pp.275-278）。

　その口火を切ったのはNHKが中国中央テレビと制作した全12回シリーズのドキュメンタリー番組『シルクロード』で，中国との初の本格的な共同制作の成立は世界の放送界の注目を集めることとなった。その後もNHKは1980年代を通して，中国以外との作品も含めて国際共同制作を海外業務の柱として推し進め，その数は1989年までの10年で100本近くにのぼった（日本放送協会［1990］p.326）。

3-2　日本語テレビ放送の変容と位置づけ

　1980年代は，日系人を主な対象として発展してきた日本語テレビ放送が大きな転換を迎えた時期でもあった。日系人の世代交代が進む中，それまでと同様に中高年層の期待に応えながら，日本との関わりが薄い若い世代や当時増えつつあった現地駐在の日本人，日本からの観光客など，多様な視聴者を取り込むことが喫緊の課題として浮上していた。そのような中，1980年代初頭にはキー

局が揃ってハワイの地上波放送やケーブルテレビに出資したり，番組を集中的に供給する体制を固めており，ハワイは日本で競合する各局の代理戦争の舞台さながらの様相を呈していた。

実際に日本語テレビ放送への番組輸出は急増していたが，各局の海外番販担当者からは「採算性を考えると難しいが，日系人と在留邦人向けのサービスとして行っている」といった声が異口同音に聞かれた（放送文化［1983］p.80）。日本語テレビ放送は国内放送の延長上にあり，そこへ番組を提供することは日系人や在留邦人向けの福利厚生と位置づけられていたことがわかる。そのような特例扱いは番組販売にかかる権利処理にも現れており，日本語テレビ放送への番組送り出しに関しては権利者への使用料配分方法が決められるなど，一般の海外番販では手付かずのままだったルール整備が既に行われていた。

3-3 世界で最も有名な日本のドラマ

1980年代には，今日に至るまで「世界で最も有名な日本のドラマ」と評され続けている作品が現れた。1983年のNHK連続ドラマ小説『おしん』である。日本で社会現象となった同作品に対しては海外からも高い関心が寄せられ，1984年のシンガポール以降，各国で放送が始まると軒並み高視聴率を記録した。主人公の女性おしんが幾多の困難に耐え，努力で人生を切り拓いていく姿は普遍的な感動を呼び，東・東南アジア諸国のみならず，イランのように日本と文化的距離が大きい国でも受容されたことが話題となった。

しかし『おしん』の国際的なヒットは内容面のみならず，各国への提供方法も作用したように思われる。2012年末までに『おしん』を放送した国と地域は86にのぼったが（朝日新聞［2013］），購入能力がない発展途上国に対しては，主にNHKインターナショナルが国際交流基金などの資金援助を受けて無償で提供した。そして中国中央テレビやイラン国営テレビなど，各国の代表的かつ最も影響力のある放送機関によって『おしん』は積極的に放送され，多くの国民に届けられ，大ヒットにつながった。

『おしん』の国際的な受容は，それまで海外でヒットするドラマ作りに苦労していた日本の番組関係者にとっては朗報であり，今後の輸出に弾みがつくことが期待された。現にイランで『おしん』の視聴者を対象に行われた調査では，76％が「日本の連続番組に関心を覚えた」と答えていた（NHKインターナショナル［1991］p.66）。しかし後に続くような番組は現れず，おしんブームが日本のドラマ・ブームへと昇華することもなかったが，『おしん』によって日本のドラマが世界的に通用することが証明されたことの意義は大きかった。

1988年度の主要放送事業者関連の海外番販実績を見ると，NHKエンタープライズが4億8,000万円，TBSが3億8,000万円，日本テレビが2億円，フジテレビが1億4,000万円，テレビ朝日とテレビ東京が各1億円となっており，NHKとキー局の合計で約12億円程度だった（朝日新聞［1989］）。海外展開に関して新たに様々な試みがなされた1980年代ではあったが，1982年頃のキー局による海外番販額の合計が既に10億円を超えていたことを考えると，売り上げに関しては大きな進展はなかった10年だったと考えられる。

4　1990年代 ── 成長期

1980年代末以降，放送における技術革新や規制緩和をきっかけとして多くの国で多チャンネル化や民営化が進展すると，映像作品に対する需要は世界的な高まりを見せ始めた。1990年代に入ると日本のテレビ番組の海外展開も性格を変容させ，戦略的な国際ビジネスの色合いが強まって行く中，番組の国際流通は投資の対象となり，大型プロジェクトの立ち上げが目立つようになった。NHKエンタープライズが中心となって1990年7月に多様な業種の大手企業47社による出資で設立され，「ソフト商社の誕生」と話題を呼んだ国際メディアコーポレーション（MICO）は，その端的な例だろう。

4-1　STAR TVが広めたアイドル・ドラマ

　1991年10月に通信衛星アジアサットを使って放送が開始された香港のSTAR TVは中東から極東まで38ヵ国・地域をカバーしており，汎アジア規模での無料放送が注目を集めた。そのSTAR TVのチャンネルの1つである中国語チャンネルでは『東京ラブストーリー』など，日本の若者向けドラマが「日本偶像劇」（日本のアイドル・ドラマ）として次々とプライム・タイムに放送され，都市生活と消費文化を享受する若い世代を中心に高い人気を集めた。

　当初，日本の放送事業者にとってSTAR TVから次々と番組販売要請が来ることは想定外だったが，急遽海外番販に共通する規定の作成に着手することになった。そして実際に権利者団体と協議し，そのうちの一部の団体とは権利者へ支払われる使用料の算出方法が定められた。STAR TVへの番組販売は日本のドラマをアジアに再び広めただけでなく，それまで長年にわたる懸案事項だった海外番販の制度が整うきっかけになったという意味でも，日本のテレビ番組の海外展開史上で非常に画期的な出来事だった（人場［2017］p.237）。

　日本のドラマの人気は台湾，香港，タイ，シンガポール，中国などの国・地域に広がり，東・東南アジアの共通現象となっていったが，それに伴って販路も各地の地上波放送局やケーブルチャンネルへと拡大して行った。先に見た1970年代末のイタリアでのアニメ人気もそうだが，海外で放送メディアが登場・増加し，番組に対する需要が高まる中で，海外番販が活性化することは珍しくない。1990年代のアジアでの日本ドラマの広がりも，多チャンネル化というメディア環境の変化にその一因が求められる。

4-2　アジアで巻き起こった日本の番組ブーム

　かねてから潜在力は指摘されながらも販売価格の低さから日本の放送局には必ずしも歓迎されていなかったアジア市場だが，1993年には各局の海外番販担当者が口を揃えて「今後はアジアがターゲット」と評価するまでになっていた

（毎日新聞［1993］）。1980年代末まで10億円程度に止まっていたキー局の番組輸出額は，1990年代前半にはアジア市場の急伸に押し上げられる形で毎年2桁成長が続き，1995年度は53億円に達した（図表1-1参照）。

　しかし，そのような状況は日本の放送局の積極的な売り込みよりもアジアの放送局の購入意欲の結果として生じたものであり，番組販売に際しては売る日本側と買うアジア側に温度差があった。実際に日本側からはアジア諸国への番組販売に関して，「著作権料や発送費などのコストを差し引くとトントン」や「安値でしか売れなくて，うまみは少ない」という声も依然として聞かれた（朝日新聞［1996］；読売新聞［1994］）。収益性は低いものの，需要が高い中で，将来性に期待して薄利多売でも続けて行こうとしていたのが当時のアジアへの番組販売の実像だった。

図表1-1▶テレビ番組輸出金額の推移（1991〜1995年度）

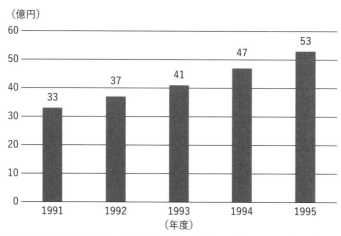

出所：「国際収支月報」（日本銀行），日本銀行資料，郵政省調査等をもとに作成（郵政省［1997］ p.304より孫引き）

　アジア諸国の中でも特に台湾は日本の番組の人気が高い市場だった。1972年の日本との国交断絶以降，日本の番組は輸入が禁止されていたが，実際には海

賊版がレンタルビデオなどで広く流通していた。それが1993年には地上波で日本の番組解禁を受けて一気に放送され始め，日本の番組を専門的に流すケーブルチャンネルも続々と設立された。日本人や日系人以外の視聴者を主な対象として日本の番組を専門的に流すテレビチャンネルが海外に誕生したのは初めてのことだった。日本の番組の過剰な買い付け競争が価格の急上昇を招く一方で，現地視聴者の要望に応える形で新作ドラマの早期放送に力点が置かれ，日台同時放送も実現された。

　この時期のアジアでの日本の番組人気を背景に誕生したのが，住友商事が立ち上げて1997年にサービスを開始した衛星放送JETだった。JETは出資企業であるTBSの番組を中心に編成され，シンガポールからアップリンクされてアジア太平洋の10ヵ国・地域のケーブルテレビ局に配信された。音声は英語，中国語，タイ語，日本語の中から各ケーブルテレビ局が視聴者のニーズなどに応じて選択する形が取られた。

　鳴り物入りで始まったJETだったが，対象国・地域のケーブルテレビ業界への新規参入は容易ではなく，主な収入源である配信料収入は伸び悩んだ。追い打ちをかけるようにアジア各国を通貨危機が襲い，JETはサービス開始から僅か2年余りで事業を大幅に縮小し，1999年には台湾の企業へ譲渡された。その後も今日まで，日本の資本によってアジア各国を対象に日本の番組を放送するテレビチャンネルが何度か登場しているが（2013年のHello! Japan，2015年のWAKUWAKU JAPAN，2016年のGEMなど），JETはそれらのプロトタイプだったと言える。

　注目を集めるアジア市場だったが，一方では番組の違法流通という深刻な問題も抱えていた。CD-ROMに動画や音声を記録するVCDが各地で急速に普及する中，1996年頃からは日本の人気ドラマが日本での放送から数日のうちに中国語の字幕付きでVCDに複製され，廉価で大量に出回るようになった。

　日本の放送事業者にとって正規の放送権やビデオグラム化権の販売が圧迫されることは看過できなかったが，多くの場合は対象国の政府や事業者に監視・取り締まりを委ねるしかない状況だった。そのような中で日本では「アジアは

海賊版天国，だからアジアへのコンテンツ展開はダメだ」といったアジア市場敬遠論が再び聞かれ始めた（長生［2001］p.52）。

4-3 IP活用による新たな海外展開

　マルチメディア時代の到来とともに，そこで扱われる中身の総称として「コンテンツ」という用語が使われ始めた1990年代中盤以降は，従来の放送権販売を超えた新たな海外ビジネス方法が模索されるようになった。特徴的なのは，放送コンテンツを知的財産（intellectual property：IP）の集合体と見なし，その活用が図られるようになった点である。

　番組のアイディアや構成，演出方法など，番組制作のノウハウをパッケージにして販売する「フォーマット販売」はその好例である。日本では1985年のTBSによる『わくわく動物ランド』のフォーマット販売に源を発するが，その後，映像メディアの多チャンネル化を背景に世界中の番組制作者の間で目新しい企画が希求されるようになる中，質量ともに進化した。国内のバラエティ番組の多様化を反映して様々な番組フォーマットが開発され（例：テレビ東京『TVチャンピオン』やフジテレビ『料理の鉄人』など），「フォーマット販売＝クイズ番組」という世界的な通念に対して新しい可能性を提示するとともに，「日本には面白い番組企画がある」という国際的評価を高めた。

　また，この時代には日本のIPを活かしたテレビ番組がアメリカの子供たちを夢中にさせ，やがて世界各国に広がるという事例も見られた。代表例は『Mighty Morphin Power Rangers』（『パワーレンジャー』）と『Pokémon』（『ポケットモンスター』）である。前者は一連の特撮番組であるスーパー戦隊シリーズがアメリカでの放送のために徹底的にローカライズされた作品であり，後者は最初からグローバル市場を視野に入れたと言われるゲームソフトから派生したアニメ番組である。

　いずれも日本で生まれたキャラクターを原点に持ちながら，番組には日本の要素が希薄である点が特徴的である。これらはテレビ番組としての人気にとど

14

まらず，キャラクター・ビジネスと結びつき，様々な商品化を通して莫大な収益を稼ぎ出した点も共通している。

5　2000年代 ── 混迷期

　既述のとおり1995年度のキー局の海外番販額は53億円だったが，それ以降2003年度までは参照できるデータはなく，2004年度の在京・在阪民間放送局およびNHKの番組輸出金額の推計は82億円となっている（図表1-2参照）。一見，堅調な伸びを示しているようだが，現実には2002年頃から海外番販は急に停滞し始めており，それまで成長を牽引していた台湾をはじめ，アジアでの日本のドラマ・ブームが下火になったことが指摘されている（読売新聞［2003]）。2004年以降も回復は果たせず，図表1-2を見ると明らかに成長は鈍化しており，2009年度や2010年度には前年度割れまで起きている。2000年代に日本の番組の海外展開は「失われた10年」に突入し，混迷期を迎えることになる。

図表1-2 ▶ テレビ番組輸出金額の推移（2004～2011年度）

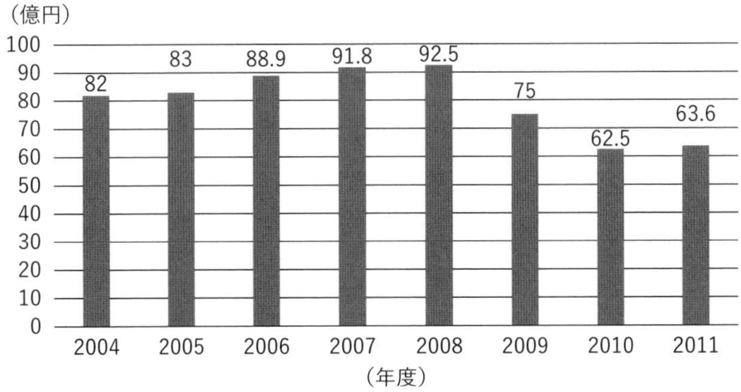

（億円）

年度	金額
2004	82
2005	83
2006	88.9
2007	91.8
2008	92.5
2009	75
2010	62.5
2011	63.6

出所：総務省情報通信政策研究所［2013] p.1

5-1　アジア市場での突然の失速

　アジア各国で日本のドラマの代替品として人気を集め始めたのは韓国や台湾のドラマだった。韓国ドラマは当初，日本のドラマの10分の１程度という低価格路線で各国の市場に浸透して行ったが，その他にも，話数が多くて視聴者が定着しやすい，放送回数無制限かつ編集可能で番組利用における自由度が高い，出演者が自国外での番組プロモーションに積極的であるなど，日本のドラマにはない付加価値の高さが各国のバイヤーの支持を得た。

　これとは対照的に日本のドラマはコスト・パフォーマンスの悪さが浮き彫りになり，あくまで売り手本位を崩さず，相手国市場のニーズを無視した日本式商法が行き詰まった図式が露呈された。1990年代にアジアで構築した優位性があっけなく崩れる中で，「日本のドラマ」というブランドがそれほど強固なものではなかったことも明らかになった。

　アジアに流通するドラマ供給国の多元化によって日本のドラマの地位が相対的に低下し始めたことは否めないが，さらに追い討ちをかけたのは2000年代後半に進行した円高だった。海外番販の基本通貨はドルであり，当然ながら円高の進行は販売する側には逆風となる。しかし他国ドラマの成長同様，円高不況も日本の海外番販担当者にとっては不可抗力だった。

5-2　日本の番組購入をためらう理由

　2008年に映像コンテンツの国際見本市TIFFCOMを訪れた海外16ヵ国195人から寄せられた，日本のテレビ番組の購入をためらう理由を見てみよう（図表１-３参照）。最も多い理由は「権利処理上の制約が多い」，次いで「販売価格が高い」だった。これらは既述のとおりであり，ここでは３番目に多かった理由「内容が自国の文化に合わない」に着目したい。

図表1-3 ▶ 日本のテレビ番組購入をためらう理由（N＝195，複数回答あり）

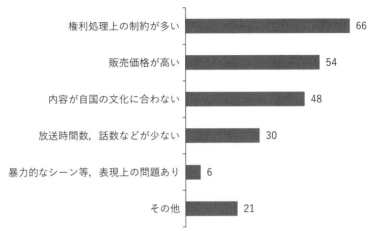

出所：総務省［2009］をもとに筆者作成

　1990年代にアジアでも高い人気を得た日本のドラマ作品群は特にアジア市場を意識して作られたわけではなかったが，現地の視聴者の嗜好にも合致した。それが2000年代には「内容が自国の文化に合わない」と評されるようになったのは，日本の視聴者は好んで見るものの，アジアの視聴者からは興味を持たれないような題材を扱うドラマが増え始めたことの表れのようでもある。

　長年日本の番組を購入してきた台湾のバイヤーからは，人気絶頂期と比べて日本の若者向けドラマはわかりにくく，夢がない作品が目立つようになったという声が聞かれた（大場［2017］p.335）。日本のドラマはかつて偶然にせよ備わっていた国際的普遍性を喪失しつつあり，そのことが「日本で受ける内容はアジアでも受ける」という図式の崩壊につながったとも考えられる。

　購入をためらう理由として4番目に多かった「放送時間数，話数などが少ない」とも関連するが，日本の視聴者の嗜好に合わせて開発され，国内で違和感なく受け入れられてきた番組内容や様式を国際仕様（例えば，ドラマの話数を増やす，異文化環境でも理解しやすい内容にするなど）に変換することは容易ではない。国内仕様に慣れ親しんできた日本の視聴者を戸惑わせ，場合によっ

ては失いかねないからである。

　ある局の海外番販担当者は，「番組にとって日本での成功が重要である点は今後も不変であり，日本で失敗しても海外で成功すればいいという考え方にはならない」と話した（大場［2012］p.213）。国内市場と海外市場が必ずしも利益相反する関係にあるわけではないだろうが，海外でのヒットまで視野に入れたコンテンツ制作の難しさが窺える。

5-3　放送外収入への期待と海外番販

　2000年代後半，放送事業者は若者層を中心に起きたテレビ離れやリーマン・ショック後の景気悪化に直面した。それまで十分かつ安定した財源だった広告収入の成長が期待できない中，それ以外の方法での収入（放送外収入）拡大が課題として浮上してきた。実際に映画，イベント，キャラクター・ビジネス，インターネットなど放送局が取り組む事業は多岐にわたるようになったが，そのような状況でも，放送外収入の有力な手段として海外展開に意欲的な眼差しが向けられることは稀だった。

　現に海外番販は主要事業とはなっておらず，TBSの2007年度の海外番販額は約18億円だったが，これは連結売上高の1％未満であり，フジテレビも2007年の時点で海外番販額は全売上高の0.5％程度に過ぎなかった（産経新聞［2007］；週刊東洋経済［2008］）。日本の放送事業者は巨大な国内市場で十分な利益を挙げられるのでわざわざ海外市場で番組を売る必然性は低く，海外番販の位置づけは附帯事業の枠を出ないという認識は，これまで見たとおり，1970年代から2000年代まで時代を超えて通底しているものだった。

6　2010年代 ── 再興期

　混迷していた放送コンテンツの海外展開だが，2010年代に入ると再興の時期を迎えることになる。その契機となったのは公的支援の拡充と世界的な動画配

信の普及である。

6-1　海外展開促進に向けた公的支援

　2013年，第2次安倍内閣は放送コンテンツの海外展開促進を日本の成長戦略の1つと位置づけて公的支援を開始するとともに，海外での売り上げを2018年までに3倍にするという目標を掲げた。特徴的なのは，海外展開を文化発信的側面以上に経済的側面から重要視している点だった。具体的には，訪日観光客増加や関連商品の販路拡大など経済的波及効果が目論まれており，それ以前の海外展開に対する公的支援，例えば1960年代から70年代にかけて当時の文部省や外務省などの支援で進められた国際番組交流や政府開発援助による番組供与とは性格が大きく異なっていたことがわかる。

　実際の取り組みとしては，字幕や吹き替え等のローカライズ費用ならびに国際見本市への出展等のプロモーション費用の補助金制度の導入，国際共同制作や地域制作への助成など，放送コンテンツの海外展開に対する支援が行われてきた。このような施策が国の経済活性化にどの程度貢献してきたのかは明らかではないが，その一方で，放送コンテンツの海外展開関連事業に多くの新規プレーヤーを参入させるとともに既存プレーヤーに新たなビジネス・モデルを創案させた意義は小さくないだろう（内山［2017］）。

6-2　動き始めた配信権販売

　アジア諸国におけるテレビ番組の違法流通は1990年代までビデオテープやVCDといった海賊版ソフトの販売が主流だったが，2000年代にはインターネットとブロードバンドの浸透によってネット上の動画ファイルへと形態が変化し，日本で放送されたばかりのテレビ番組が中国や韓国の動画共有サイトに現地語の字幕付きでアップロードされるようになった。

　新しい映像メディアの登場が放送コンテンツに対する需要拡大につながるこ

と，そして国内コンテンツで賄えない場合，海外のコンテンツに注目が集まることは本章でこれまで見た通りである。しかし国内でも正規の番組配信が進まない状況で，日本の事業者が海外番販において配信を扱うことは非常に困難であり，海外視聴者の日本のコンテンツ配信に対する需要は違法動画流通によって満たされているのが実像だった。

しかし2010年代には主に以下の2つの理由で海外への番組配信権販売に向き合わざるを得ない状況が生まれた。まず，海外の放送事業者から放送権のみならず，配信権も併せて求められることが増え始めた。それら事業者が視聴者への付帯サービスとして自社サイトなどで番組配信も行うようになったからであるが，日本の海外番販担当者は商談の場で「配信できないなら番組は買えない」と言われるなど，配信権を付けられないことで，結果的に放送権も売りにくくなるという弊害が出始めた（毎日新聞［2012］）。

さらに世界的な動画配信市場の成長とともに，動画配信ビジネスに参入する事業者も世界各国で急増した。それら事業者が展開するプラットフォームは配信可能なコンテンツ・ラインアップの拡充を目指し，日本の放送コンテンツに対しても需要が高まる中で買い付けが活発化した（大場［2018］）。さらに資本力があるNetflixやAmazonといったグローバル・プレイヤーは配信権の購入のみならず，他社との差別化のためにオリジナル・コンテンツの開発を積極的に進め，その企画・制作において日本の放送事業者や制作会社との連携も増えている。

本章で見たように日本の放送コンテンツの海外展開は現在に至るまで長い月日を経てきており，様々な経験を通して得られた知識の蓄積があって然るべきである。しかしながら，これまでの取り組み，とりわけ失敗に関して検証が十分になされ，そこから貴重な教訓が得られてきたのかは心許ない。これは，定期的に担当者を異動させることが常であり，国際ビジネスの専門家育成に必ずしも熱心でなかった放送局にもその一因はあるだろう。

一方，日本国内の放送事業の停滞と世界的なメディア環境の変化の中で近年，放送コンテンツの海外展開の必要性はかつてないほど現実味を帯びてきている。

海外展開の形態が多様化・複雑化しつつも，その本質が変わらない以上，経験知を今後の課題解決にどのように活用できるかが問われているのである。

■ 引用・参考文献

【日本語文献】
　朝日新聞［1974］「38億人（141）番組輸出」1974年11月13日東京朝刊，p.7.
　朝日新聞［1989］「足りません映像ソフト」1989年12月2日夕刊，p.17.
　朝日新聞［1996］「国際番組見本市」1996年1月17日夕刊，p.9.
　朝日新聞［2013］「世界に広がる日本のドラマやバラエティー」2013年1月1日朝刊，p.29.
　内山隆［2017］「世界の映像流通の政策論争と日本の放送番組海外展開」第25回JAMCOオンライン国際シンポジウム https://www.jamco.or.jp/jp/symposium/25/
　NHKインターナショナル［1991］『世界は「おしん」をどう見たか　日本のテレビ番組の国際性』.
　大場吾郎［2012］『韓国で日本のテレビ番組はどう見られているのか』人文書院.
　大場吾郎［2017］『テレビ番組海外展開60年史』人文書院.
　大場吾郎［2018］「海外市場における日本のテレビ番組配信の成長要因と課題」情報通信学会第38回大会，2018年7月1日.
　佐田一彦［1983］「日本製アニメの輸出」川竹和夫編著『テレビのなかの外国文化』日本放送出版協会，pp.109-119.
　産経新聞［2007］「コンテンツ力（4）」2007年3月16日東京朝刊，p.1.
　週刊東洋経済［2008］「テレビ局の革新」2008年11月15日号，p.66.
　杉山明子［1983］「各国の輸入規制政策」川竹和夫編著『テレビのなかの外国文化』日本放送出版協会，pp.179-191.
　総務省［2009］「放送コンテンツの海外展開に向けて」．
　　https://www.soumu.go.jp/main_content/000021821.pdf
　総務省情報通信政策研究所［2013］「放送コンテンツの海外展開」https://www.soumu.go.jp/iicp/chousakenkyu/data/research/survey/telecom/2013/2013broadcasting-contents-exp.pdf
　東京放送［1965］『東京放送のあゆみ』.
　長生啓［2001］「日本製ドラマ海賊版に見る最新中国著作権事情」『新・調査情報』2001年7-8月号，pp.52-55.
　日経産業新聞［1982］「在京TV局，海外向け番組好調」1982年8月18日，p.6.
　日本放送協会［1990］『NHK年鑑'90』日本放送出版協会.
　ペリヤ，ジョエル［1983］「日本テレビ番組への評価　フランス」川竹和夫編著『テレビのなかの外国文化』日本放送出版協会，pp.149-154.
　放送文化［1983］「座談会　世界のテレビ番組マーケット事情」1983年1月号，pp.76-83.
　毎日新聞［1969］「テレビ番組の海外進出つづく」1969年3月4日東京夕刊，p.7.
　毎日新聞［1971］「香港で人気呼ぶ『サインはV』」1971年6月2日東京夕刊，p.7.
　毎日新聞［1981］「イタリア　日本製アニメが流行」1981年3月2日東京朝刊，p.15.

毎日新聞［1993］「もうかり出した番組輸出」1993年8月13日東京朝刊，p.21.
毎日新聞［2012］「番組ネット配信アジアへ正規配信」2012年2月17日東京夕刊，p.6.
郵政省［1997］『通信白書〈平成9年版〉放送革命の幕開け』大蔵省印刷局.
読売新聞［1964］「鉄腕アトム　アメリカでも大もて」1964年10月31日夕刊，p.12.
読売新聞［1994］「日本の番組がアジア各地でひっぱりだこ」1994年10月27日東京夕刊，p.7.
読売新聞［2003］「テレビ50年」2003年7月17日東京夕刊，p.12.
劉文兵［2016］『日中映画交流史』東京大学出版会.

【英語文献】

Nordenstreng, K. & Varis, T.［1974］*Television traffic-A one way street?: A survey and analysis of the international flow of television programme material.* Paris: UNESCO.

Variety［1981］Global prices for TV films. April 22, 1981, p.49.

（大場　吾郎）

第2章 国際テレビ番組見本市からみるビジネスの変遷

1 国際テレビ番組見本市からビジネスの変遷がみえてくる理由

　テレビ番組の海外市場へのセールスを語る上で欠かせない場がある。それは世界中の番組取引関係者が一堂に会する国際テレビ番組見本市である。その見本市で取引される「セールス手法」と，セールス相手の「バイヤーの顔ぶれ」は，激変するメディア環境の中で大きく変化している。それゆえに，放送コンテンツの海外展開のビジネスを理解する上で，見本市におけるこの2つの変遷をみていくことは非常に役立つものになる。セールスの実践においては，どのようなビジネス戦略を立てるべきか，そのヒントにもなり得る。

　ここ数年，見本市において配信プラットフォーマーの台頭が著しく，なかでも著しい成長を遂げているのがNetflixである。Netflixがグローバル展開を広げていく過程の中で，見本市においてもセールス手法やビジネストレンドの変化に大きな影響を与えている。そこでまず，国際テレビ見本市そのものを理解した上で，ビジネストレンドの傾向を捉えていく。

1-1 国際テレビ番組見本市とは

　国際テレビ番組見本市とは「世界マーケットで商機を掴む場所」である。番組の売り買いの場に限らず，ネットワーキングやマーケティング，プロモーションを行うことを目的に，会場には世界中からセラーとバイヤーが集まって

くる。最も老舗で世界最大規模の見本市であるMIPTV／MIPCOMを主催する Reed Midem社のポール・ジルク前代表取締役社長に2013年，見本市のあり方を尋ねたことがある。ちょうどMIPTV50周年のタイミングだったため，「これからの50年をどのように見据えているのか」という質問をし，当時社長だったジルク氏はこのように答えた。

テレビビジネスの動きは速い。新しいテクノジー，新しいデジタルツール，新しいフォーマット，新しいコミュニケーション，新しい視聴者層，新しいコンテンツ，新しい国際ビジネスなど，世界規模でいろいろな新規のテレビビジネスが生まれてくる場所として期待したい。

　これはMIPTV／MIPCOMに限らず，国際テレビ番組見本市が目指すべきあり方を示すものである。またテレビビジネスの海外展開に取り組む者にとっても，潮流を肌で感じることができる場所であることがわかる言葉である。そして，何より国際テレビ番組見本市は，参加者自身が時代に合わせ，世界規模の新たなテレビビジネスを生み出す場所であることを示すものだ。これらを目的としながら，まずは基本となる世界各地で一年中にわたって開催されている主な国際テレビ番組見本市の成り立ちや特長について次の項目でまとめた（図表2-1参照）。

1-2　世界最大級のカンヌMIPTV／MIPCOM

　世界で初めて国際テレビ番組見本市が開かれたのは1963年のことだった。南仏らしい太陽の明るい日差しが降り注ぎ，コート・ダジュールと呼ばれる紺碧の海が目の前に広がるカンヌの街で国際テレビ番組見本市は産声を上げた。それが毎年4月の時期に開催されている「MIPTV」である。1979年に入ると，100か国から参加者が集まるようになり，その4年後から海岸沿いにある「パレ・デ・フェスティバル」がメイン会場となった。管轄するカンヌ市は映画祭

だけでなく，グローバルに展開するテレビビジネスの将来性を見込んで，大型収容できる会場にリニューアルしたと言われている。その後，現在に至るまでパレ・デ・フェスティバルを会場として開催されている。

　番組の売買は，そもそもテレビ放送のタイムテーブルを埋めるため，放送枠にハマる番組を探し，提案することを目的に始まった。また世界的にチャンネル数が増加していったことや，アメリカの全米ネットワークが新シーズンを開始する時期に合わせて，春のみならず秋の10月の時期にも同じ会場で「MIPCOM」が始まり，2014年に30周年を迎えた。今では春のMIPTVよりも参加数規模を増やし，1万人以上の参加者を集め，新作番組のプロモーション合戦も華やかに行われている。

　MIPTV／MIPCOMいずれも，ここから世界全体の番組流通トレンドが発信されている。売れ筋の番組が一斉に売り出され，新たなビジネス手法も生み出

図表2-1 ▶主な世界の国際テレビ番組見本市サーキット

1月	NATPE（米マイアミ）

| 3月 | SXSW（米オースティン）／ FILMART（香港）／ Anime Japan（東京）／ SeriesMania（仏リール） |

| 4月 | MIPTV（仏カンヌ）／ Canneseries（仏カンヌ） |

| 5月 | HotDocs（カナダ・トロント）／ BCM（韓国・釜山）／ MIP CHINA（中国・杭州） |

| 6月 | STVF(中国・上海)／ Licensing Expo（米ラスベガス） |

| 10月 | MIPCOM（仏カンヌ）／ TIFFCOM（日本・東京） |

| 11月 | Tokyo Docs（日本・東京）／ IDFA（オランダ・アムステルダム）／ MIP Cancun（メキシコ・カンクン） |

| 12月 | ATF（シンガポール） |

筆者作成。開催時期は変更されることもある。

され，時代の顔が登壇するキーノートやマーケティングセミナーなども企画される場として，世界中のテレビ関係者が一堂に会する。

1-3　アジアのTIFFCOM／ATF／FILMART

　アジアで行われる主な見本市は香港で開催される「FILMART」，シンガポールの「ATF」，そして東京の「TIFFCOM」がある。また上海の「STVF」，韓国・釜山の「BCWW」もこれに並ぶ。日本，韓国，中国という東アジアの3か国が共に番組の海外輸出入額を伸ばしていることを背景に，アジアで開催される見本市が注目されている状況にある。それはアジア間での流通が活発化していること，アジア発のテレビ番組コンテンツが世界各地に流通されていることの2つが要因にある。

　こうした理由から総務省は近年，香港FILMART，シンガポールATF，東京TIFFCOMへの出展，参加の支援を強化する動きがある。なかでも，日本全国の放送局の海外展開を促進させていくことに力を入れている。支援強化の理由については，2019年開催の香港FILMARTの現地で確かめることができた。

　2019年当時，総務省情報流通行政局放送コンテンツ海外流通推進室長を務めていた岡本成男氏は以下のように語っていた。

アジアを中心とした見本市は参加するローカル局にとって比較的，敷居が低いものだと思われる。今，アジアは経済力をつけ，映像コンテンツに対する関心度も高まっている。さらに，アジアから日本に訪れる観光客の数も多く，リピーターも増え，定番の京都，奈良以外のいろいろな地域の日本を知りたいニーズも広がっていることも後押ししている。こうした経済，コンテンツ，観光の3つの観点から，アジアで開催される国際テレビ番組見本市を国が積極的に支援するべきと考えている。

1-3-1　香港FILMART

　香港FILMARTは毎年 3 月の時期にビクトリア湾に面した香港のランドマーク「香港コンベンション＆エキシビションセンター」で開催される。香港貿易発展局が主催し，2016年に開催20周年を迎えたアジア老舗の見本市である。テレビ番組と映画作品を中心に，アニメや動画配信オリジナルまで幅広いジャンルのコンテンツが取引されている。最大の特長は勢いを増す中国市場の入口としての役割を担っていることである。会場には北京市，広東省，上海市，杭州市，福建省，寧波市，四川省，湖南省，山東省，重慶市など中国から幅広く地域ごとのパビリオンブースが展開され，iQIYIやTencentなど中国最大の動画配信プラットフォームプレイヤーも揃って出展する。さらに，連日にわたって企画されるマーケティングセミナーを通じて中国コンテンツのトレンド情報も得やすい。

　日本の中国との取引件数は近年増加傾向にある。会場には大型の「ジャパン・パビリオン」が設置され，総務省所管のBEAJ（放送コンテンツ海外展開促進機構）と民放連（日本民間放送連盟）の組織「国際ドラマフェスティバル in Tokyo」のブースと，文化庁から委託事業を受けたユニジャパンと経済産業省所管のJETROによるブースが連携したパビリオンに日本企業が集結し，取引の活発化を促している。

1-3-2　シンガポールATF

　一方，シンガポールのATFはシンガポールのランドマークとして知られるマリーナベイ・サンズを会場に毎年12月，Reed Exhibitionsが主催している。カンヌMIPTV／MIPCOMの主催者と姉妹関係にあることから，MIPのアジア版として位置づけられている。東南アジア地域の経済成長と共に発展し，2019年に20周年を迎えた。アジアのハブであるシンガポールで行われるコンテンツマーケットとあって，アジア各国のメディア企業が会場に勢揃いする。ハリウッドメジャーをはじめ，欧州の大手スタジオからアジア担当者が足を運び，アジアの勢いを最も感じることができる場所である。

アジアの動画配信市場は世界第2位の規模にまで拡大し，会員数ベースでの動画配信の市場シェアは北米が半分以上を占めているが，これに次ぐのがアジアで全体の25％を確保している。またアジア各国における制作力の向上も後押しながら，アジア発コンテンツに世界が注目を集めているというわけだ。

香港FILMARTと同様に，ATFの会場内にも巨大なジャパン・パビリオンブースが出展されている。総務省／BEAJと国際ドラマフェスティバル（民放連）がまとめ役となって展開し，プロモーション活動も近年，積極的に行われている。参加者との交流を図る寿司＆カクテルパーティーをはじめ，海外番組バイヤーを個別に招いたネットワーキングの場が作られている。過去には「日本主催のパーティーは日本人だらけ」といった声を耳にしたことがあったが，本来の目的にある日本のセラーと海外バイヤーが人脈を形成する場に改善されつつある。

1-3-3　TIFFCOM

TIFFCOMは日本で唯一の国際テレビ番組見本市として，東京で毎年10月に開催されている。2018年に15回目の開催を迎え，出展団体数，商談件数，総契約件数を年々順調に伸ばし，映画，テレビ，アニメを中心とした多彩なコンテンツホルダーが参加する。アジア諸国からだけでなく，世界各国からバイヤーが来場し，アジアを代表するコンテンツマーケットとしての価値を高めているところだ。近年，完成したコンテンツの売買だけでなく，IP（知的財産），書籍の映像化権を扱う出展ブースが増加傾向にあることが特長である。映画やアニメ，ゲームなどマルチメディア展開に関する商談の増加により，映像化の機会を広げる場を目指し，それに特化した企画が強化されている。

1-4　専門マーケット

コンテンツのジャンル別に固定開催されているものもある。例えば，ドキュメンタリーの国際展開を推進するイベント「Tokyo Docs」はその1つだ。東

日本大震災の年に立ち上がり，ATP（全日本テレビ番組製作社連盟）が協力するTokyo Docs実行委員会の主催で，企画段階のドキュメンタリーを日本をはじめ世界に流通させる道筋を探る場が年に一度東京で開催されている。ドキュメンタリーの国際共同製作を推進するイベントはこの東京のほかに，カナダ・トロントの「HotDocs」やオランダ・アムステルダムの「IDFA」などがある。ドキュメンタリーの番組製作資金を集めるための効率的かつ効果的な場として存在している。

　また，アニメコンテンツが取引されるイベントには「Anime Japan」などもある。アニメビジネス関係者にとってアメリカ・ラスベガスで開催される「Licensing Expo」も重要な商談の場として位置づけられている。このほか，カンヌのMIPCOM併設の「MIP Junior」はアニメを含むキッズ専門イベントとして毎年企画され，アニメコンテンツビジネスの潮流をここで掴むことができる。

　バラエティ分野ではMIPTVに併設されている「MIP Formats」が唯一の専門イベントであり，リアリティやゲームショーといったバラエティ番組のフォーマットセールスのマーケティング，およびプロモーションを行う場として機能している。国際間のフォーマット売買が拡大しつつあった2010年から始まり，世界50か国以上から参加者を集めている。

　近年，「ドラマの黄金時代」と言われ，ドラマの国際間取引も活発化しており，それに伴い，連続ドラマを対象としたコンペティションやスクリーニング，商談会の場を作る国際ドラマの祭典も立ち上がっている。その先駆け的存在はフランス・リールの「Series Mania」であり，2009年から開催されている。また2018年からはカンヌMIPTVの併設イベントとしてカンヌ市をふくむアルプ・マリティム県が全面サポートする「Canneseries」が始まった。

2　国際テレビ番組見本市におけるビジネストレンドとセールス手法の変化

　総務省が毎年発表している「放送コンテンツの海外展開に関する現状分析」

（図表2-2，図表2-3参照）によると，日本の放送コンテンツの海外輸出額は計画通りで増加傾向にある。2018年度は輸出額全体で519.4億円に上った。注目したいのはその内訳の変化にある。最も増加しているのが「インターネット配信権」で，2018年度は前年の124.2億円から173.9億円に伸び，全体の輸出額の中で最も大きな割合を示す。2013年度はわずか20.4億円に過ぎなかったインターネット配信権の輸出額が昨今の配信プラットフォーム勢の急成長に影響されるかたちで，日本の放送コンテンツ海外展開においてもインターネット配信権が急速に伸びている。

また「番組フォーマット・リメイク権」の増加も顕著である。2018年度は前年の17.6億円から41.8億円に伸びており，これは国際市場においてドラマの取引が活発化し，日本テレビのドラマ『Mother』がトルコでリメイクされた成功例がけん引役となっている。一方，2017年度まで増加傾向にあった「番組放

図表2-2 ▶ 日本の放送コンテンツの海外輸出額の内訳

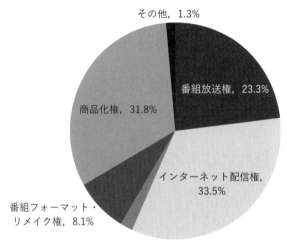

注1：商品化権，ビデオ・DVD化権には，キャラクターなどの商品の売上，ビデオ・DVDの売上は含まない。
注2：各項目のパーセンテージは，2018年度の放送コンテンツ海外輸出額に占める割合。
注3：各項目に明確に区分できない場合には，番組放送権に分類。また，放送コンテンツ海外輸出額の内訳を未回答のものについては，番組放送権に分類。商品化権はゲーム化権を含む。

送権」は2018年度，前年度の127.9億円から121.0億円に減収した。これまで番組放送権の販売は海外展開ビジネスを支えてきたが，世界的に地上波並びに衛星放送局の経営が悪化し，インターネット事業にシフトしていることが減収の要因にある。また，番組放送権とインターネット配信権等がセットで販売される「オールライツ」セールスが進んでいることも影響している。

　つまり，これは国際テレビ番組見本市において，時代が求める流通トレンドが日本の放送コンテンツの海外輸出額の内訳に変化をもたらしているのである。昨今の流通トレンドである「フォーマット／リメイク」と「インターネット配信」，そして「共同開発／共同製作」の動きは注目すべきものであり，それぞれの取引状況をまとめた。

図表2-3 ▶ 放送コンテンツ海外輸出額の構成

<table>
<tr>
<td rowspan="2">放送コンテンツ海外輸出額の構成</td>
<td>

・**番組放送権**
　→番組放送権の販売による番組の「完成パッケージ（完パケ）」の販売は，海外展開の伝統的な方法であり，翻訳（字幕や吹き替え）などにより販売先の国に対応（ローカライズ）させて海外で放送
・**インターネット配信権**
　→海外の動画配信サイトが，放送番組を現地の国に対応（ローカライズ）させてネット配信する権利
・**ビデオ・DVD化権**
　→放送番組をビデオ・DVD化して海外で販売する権利
</td>
<td>番組販売権</td>
</tr>
<tr>
<td colspan="2">

・**フォーマット・リメイク**
　→バラエティ番組などのコンセプトや制作手法をフォーマットとして海外へ販売，又はドラマなどの舞台設定や登場人物などの構成要素を取り出してリメイク権として販売し，それに基づいて海外の放送局・制作会社が現地の出演者やスタッフを活用して番組を制作・放送
・**商品化権**
　→例：アニメなどの放送番組のキャラクターを商品化して海外で販売する権利
　※2016年度以降の調査ではゲーム化権を明確に含めて算出
・**その他**
　→例：放送番組の一部を海外の番組の中で番組素材（フッテージ）として活用する権利等
</td>
</tr>
</table>

出所：図表2-2，図表2-3共に総務省「放送コンテンツの海外展開に関する現状分析／2018年度」

2-1 バラエティ番組のフォーマットセールス

　フォーマットセールスは主にバラエティ番組をフォーマット化して売買を行うビジネスの手法を指す。販売されたフォーマットは地域に合わせて制作して放送されるため，放送コンテンツの海外展開にネックになりがちな言語や文化のハードルを越えやすい。先の通り専門イベント「MIP Formats」はフォーマットセールスの取引規模が世界中に拡大しつつあった2010年から立ち上がり，世界各国の新作フォーマットが毎年紹介されている。

　フォーマットセールスの強力国はイギリス，オランダ，イスラエルの３国であり，国際テレビ番組見本市において存在感を示すこれらの国から世界でのヒット番組が続出している。図表２-４のとおり，フォーマットセールスの世界トップ10番組にはイギリス発の『Gogglebox』（Studio Lambert）や『Love Island』（ITV Studios），オランダ発の『Your Face Sounds Familiar』が並ぶ。イスラエル発の番組はここには含まれないが，総合メディア企業のKeshat Internationalをはじめ，国際テレビ番組見本市において新作発表を積極的に行

図表２-４ ▶ フォーマットセールス世界トップ10番組

Format	Production Company	Parent Company
Gogglebox	Studio Lambert	All3Media
The Secret Life Of Four Year Olds	RDF Television	Banijay
All Together Now	Remarkable Television	Endemol Shine Group
The Wall	Glassman Media/ESG	Endemol Shine Group
Your Face Sounds Familiar	Endemol Shine Group	Endemol Shine Group
Ex On The Beach	Whizz Kid Entertainment	Entertainment One
Love Island	ITV Studios	ITV Studios
This Time Next Year	Twofour	ITV Studios
The Masked Singer*	MBC Entertainment	MBC
First Dates	Twenty Twenty	Warner Bros TV

※リメイクされた国・地域数を集計したもの
出所：Broughton, J. et al.［2020］

うプレイヤーは多い。

　企画段階から世界ヒットを狙い，バリエーションを揃えたフォーマットが開発されているのが成功の要因にある。また制作力のあるプロダクション機能と世界に販路を持つディストリビューション機能を備えるプレイヤーが成長していることも特長である。

　リアリティ，ゲームショー，スタジオエンターテインメント，デートショー，ライフスタイル，フードショーといったジャンルが人気フォーマットに挙げられる。「MIP Formats」ではトレンド番組が毎年紹介されているが，数年単位でデートショー人気が集中したり，ライフスタイル人気が浮上するなど，ジャンル別のトレンドの移り変わりがある。例えば，2020年のトレンドキーワードは「ヒューマン×ソーシャル」というものであり，社会貢献型のヒューマンドキュメント番組がトレンドにあった。

　日本も世界市場ではフォーマットセールスに強い国として知られている。事実，日本の番組フォーマットに基づいて，欧米やアジアなどで現地版が放送されているものは多く，右肩上がりで輸出額が伸びていることがそれを証明している。

　そもそも日本におけるフォーマットの歴史は古く，かれこれ30年以上前から取り組まれている。成功事例には『￥マネーの虎』（日本テレビ）や『SASUKE』（TBS），『風雲！たけし城』（TBS），『料理の鉄人』（フジテレビ），『ロンドンハーツ』（テレビ朝日）の企画「格付けしあう女たち」などが並ぶ。現在放送中の番組から過去のヒット番組まで積極的に掘り起こされ，「ユニークさ」を売りにアイデア重視の低予算フォーマットが日本の特長である。

　これまでMIPTV／MIPCOMでは，官民共同で日本のフォーマットセールスを売り込むプロモーションイベント「TREASURE BOX JAPAN」が継続的に行われてきた。イベント名には「日本のコンテンツは宝の集合体＝宝箱」という意味が込められ，2012年から2019年まで続いた（2020年はMIPTV／MIPCOMがコロナ禍でオンライン開催となり，それに伴いイベント企画は縮小。2021年以降の実施は決定していない）。NHK，民放キー局，在阪局が横並

びで，新作フォーマットを世界に向けて発表を続け，その成果は徐々に表れつつある。

　一方，韓国のバラエティフォーマットがここにきて話題の中心にある。韓国MBCのカラオケ勝ち抜きバトル『The Masked Singer』の米版がアメリカ4大ネットワークのFOXで放送され，2019年最大の世界ヒット番組に浮上した。

2-2　ドラマのリメイク

　「リメイク」と称されるドラマのフォーマットセールスも近年では，国際テレビ番組見本市の流通トレンドにある。スイスの番組リサーチ会社Witが MIPTV／MIPCOMで番組トレンドを発表するプログラム「FreshTV」によると，図表2-5のとおり，2019年に最も多くの国と地域でリメイクされた「ベスト・リメイクドラマ」はノルウェードラマ『SKAM（英語タイトル：Shame)』だった。ティーンのリアルな日常生活や悩みを描き，放送とSNSが完全連動したインタラクティブ性が評価されたドラマである。2015年にノル

図表2-5 ▶ ベスト・ドラマフォーマット

タイトル	国	ジャンル	ディストリビューション
SKAM	ノルウェー	ドラマ	Beta Film
The Bridge	スウェーデン	スリラー	ESG
Mistresses	イギリス	ドラマ	BBC Studios
Good Doctor	韓国	ドラマ	KBS Global Media
Love after Loving	アルゼンチン	テレノベラ	Viacom International Studios
The First Years	オランダ	ティーンドラマ	Newen distribution
La Famiglia	イスラエル	コメディ	Armoza formats
Suits	アメリカ	リーガルドラマ	NBC Universal Formats
Mother	日本	ドラマ	Nippon TV
The Teacher	ドイツ	コメディ	Fremantle
Paco's Men	スペイン	コメディ	Imagina International Sales

出所：Dredge［2019］をもとに筆者作成

ウェー国営放送局で放送開始され，その後，フォーマットセールスも成功し，各国版が作られている。

　世界の「ベスト・リメイクドラマ」には日本テレビの『Mother』（坂元裕二脚本／松雪泰子主演／2010年4月期）も並ぶ。日本を代表する成功事例だ。トルコでリメイクされたものが現地で爆発的にヒットし，そのトルコ版は世界40か国近くで販売されている。「子どもの虐待」をテーマにしたシリアスな内容だが，ストーリーのユニークさと，どの国でも受け入れられる普遍性を追求した作品であることがヒットに繋がった。同シリーズの『Woman』（坂元裕二脚本／満島ひかり主演／2013年7月期）もトルコ版が『Mother』以上に大ヒット，日本版には存在しないシーズン2の放送にまで広がっている。

　また，ドラマのフォーマットセールスにおいても韓国が頭一つ抜けている。韓国がバラエティ，ドラマといった売れ筋ジャンルで実を結んでいる背景には，韓国とアメリカのネットワークの強さが要因にある。例えば，日本でも2018年7月期にフジテレビでリメイク版が放送された『グッド・ドクター』（山崎賢人主演）は，韓国ドラマが世界でリメイクされた成功例である。ハリウッド版がアメリカ4大ネットワークのABCで放送されて大ヒット，そのハリウッド版がイギリス，ドイツ，フランス，カナダなど主要各国で放送され，それもまた人気を集めた。ハリウッドで成功実績を作ったインパクトは大きい。

　一方，日本と韓国の間で互いに人気ドラマ作品がリメイクされるケースも目立つ。先の『グッド・ドクター』をはじめ，『シグナル』（坂口健太郎主演／2018年4月期／関西テレビ），『ごめん，愛している』（長瀬智也主演／2017年7月期／TBS），『ボイス110緊急指令室』（唐沢寿明主演／2019年7月期／日テレ），『サイン―法医学者 柚木貴志の事件―』（大森南朋主演／2019年7月期／テレ朝）と各局で韓国ドラマがリメイクされている。

　日本のドラマも『空から降る一億の星』（北川悦吏子脚本／明石家さんま・木村拓哉主演／2002年4月期／フジテレビ）や『最高の離婚』（坂元裕二脚本／瑛太主演／2013年1月期）など続々と韓国でリメイクされた。スイスの調査会社Witによると，2018年の一年間で韓国が海外ドラマをリメイクした作品数

全8本のうち，日本のオリジナル作品が4本も占めたことがわかった。オリジナルを活かしながら，ローカライズに成功した作品が増えており，日韓のドラマリメイク親交は今後も続いていくものと思われる。

　ここのところ，韓国ドラマに限らず，ハリウッドのドラマが日本でリメイクされるケースもみられる。『SUITS／スーツ』（織田裕二主演／2018年10月期・2020年4月期／フジテレビ），『グッドワイフ』（常盤貴子主演／2019年1月期・TBS），『24 JAPAN』（唐沢寿明主演／2020年10月期／テレ朝）といった例が主なところ。流通トレンドを生み出したことによって，各国間の取引が活発化していることも後押しし，定着化していきそうだ。

2-3　インターネット配信権の売上伸長

　インターネット配信権の売上が伸びている理由は先の通り，配信プラットフォーム事業が急成長していることが大きな要因にある。国際テレビ番組見本市においても近年，参加プレイヤーの顔ぶれは様変わりしている状況だ。「デ

図表2-6 ▶世界の番組バイヤーの推移

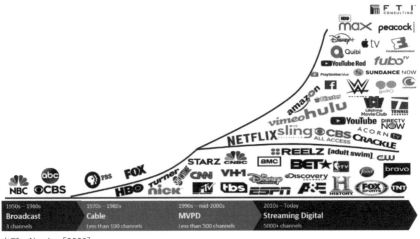

出所：Newby［2020］

36

ジタル系バイヤー」の参加率は年々増加傾向にあり，アメリカのリサーチ会社 FTIコンサルティングは「バイヤーの数だけみても，ここ10年で急激に増え，60年の歴史があるMIPTVのなかで最も激変する時期にある」と指摘する（図表2-6参照）。

　市場はストリーミング時代へと大きく変化し，最も注目すべきはその市場規模にある。2015年の時価総額トップ3は7,000億ドルのApple，3,800億ドルのGoogle，1,800億ドルのDisneyだったが，5年を経て2020年3月の時価総額トップ3は1兆ドルのApple，9,000億のAmazon，7,300億のGoogleへと変化した。だたし，今ではレガシー・プレイヤーと称される既存の放送局に全く勝ち目がないというわけではない。競争原理が働き，新興グローバル・プレイヤーを支える役割を既存の放送局が担っている側面もある。

2-4　新・流通トレンドにある国際共同開発／共同製作

　これまでの番組国際流迪は2次利用展開を基本に発展してきた歴史がある。自国で制作し，放送されたコンテンツは販売する「番販」から，フォーマット

図表2-7 ▶Largest drama co-producers

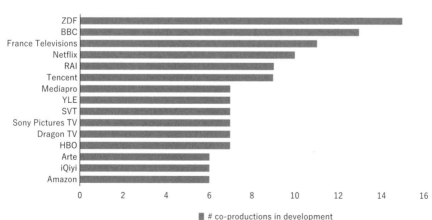

出所：Ampere Analysis［2020］

化して売る「フォーマットセールス」に至るまで，いずれも番組を２次利用展開するものである。だが，ここにきて「０次展開」と捉えることができる国際共同開発／国際共同製作が新たな流通トレンドにある。ドキュメンタリーの分野では先駆けて取り組まれているが，ドラマ，バラエティのジャンルにまで広がり，企画段階から世界市場を見据えて，国際間で共同開発／共同製作する案件が増えている。

　イギリスの調査会社AMPEREによると，ドラマにおいては公共放送局のドイツZDFが最も国際共同製作の作品数を手掛けていることがわかった（図表2-7参照）。これにイギリスの公共放送局BBCが続く。既存の放送局だけでなく，オリジナル作品づくりにも力を入れる配信プラットフォーム勢も国際共同製作ドラマの数を増やす。グローバル・プレイヤーのNetflixやAmazon，中国２大配信プラットフォームのTencent，iQIYIも国際共同製作ドラマトップ15にランクインする。

3　変革期の先にあるテレビ番組流通ビジネス

　近年の国際テレビ番組見本市では「ストリーミング時代」がテーマに掲げられている。世界トレンドを生み出すMIPTV／MIPCOMでここ数年，話題に上ったキーワードの変遷をみると，その時々の，そして少し先を見据えて熱量が続く言葉が並んでいることがわかる。

・2014年「ストーリー・テリングの新時代」
・2015年「ミレニアム・シフト」
・2016年「ファンコミュニティ力」
・2017年「コンテンツビジネスの拡大」
・2018年「ドラマの黄金時代」
・2019年「ストリーミングの攻撃」
・2020年「未来へ向かうグローバル・コンテンツマーケット」

図表2-8 ▶ オーディエンスの断片化

旧モデル：マス・オーディエンス　　　　　　　新モデル：オーディエンスの多様化

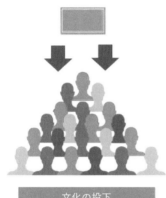

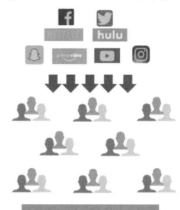

出所：Mulligan［2020］

　グローバル化と言われて久しいが，ストリーミング時代を迎えてグローバル化が加速し，コロナ禍によってメディア環境もビジネス慣習も激変している。2020年は全ての国際テレビ番組見本市が例外なく完全オンライン形式で開催され，そのあり方そのものも問われている。今，一体どのように変革期を迎えているのか。第2章の終わりは，国際番組ビジネスの将来像を占いながら，流通トレンドをまとめる。

3-1　メディア環境の変化

　図表2-8のとおり，かつてテレビは自宅エンターテインメントの中心にあり，いま起こっている出来事はテレビを通じて共有されていた。しかし今日では「オーディエンスの多様化」が進んでいる。かつてテレビが役割を担っていた「マス・オーディエンス向け文化の投下」は衰退し，NetflixやAmazonといった定額動画配信（Subscription Video on Demand：SVOD）サービスや

ソーシャル系のFacebookやTwitter，YouTubeといった各種メディアを同期消費する「文化の連動」時代に変化している。2020年開催のMIPTV＋のマーケティングセッションでイギリスの調査会社MIDiAがそう報告していた。

　またアメリカのマーケティング会社であるWunderman Thompsonは「ヴァーチャル／ソーシャルディスタンス時代の突入」が大きな変化をもたらしていくと予想する。消費者の間で，ストリーミングサービスや自宅スポーツ，デリバリーサービス，デジタルスパ，オンラインレッスンのニーズが急増し，オンライン上でソーシャル交流を図るNetflix Partyといった新たなサービスが生まれ，FacebookはVRの世界を独自に構築する「Facebook Horizon」の開発を進めている。

　こうしたメディア環境の変化によって，TVコンテンツのバリューシフトはさらに進んでいくのではないか。テレビデバイスの主導権は地上波放送からストリーミングサービスへと移りつつある。世界全体では2020年現在，10億人もの有料動画サブスクリプションユーザー数を抱える市場規模に拡大し，今後も伸長が見込まれることが世界の各調査会社から発表されている。ストリーミングが中心となる時代では見本市を通じた番組流通は衰退していく可能性もある。一方，国際間の番組開発や製作は今以上に活発化し，価値観の多様性に合わせた番組がこれまで以上に多く生み出されていきそうだ。

3-2　コロナ禍で進むオンライン商談

　国際見本市連盟（UFI）によると，2020年第2四半期（4－6月）末までに展示会の中止・延期によって主催者が被る機会損失額は世界中で1,340億ユーロ（約15兆8,800億円）規模に上ると推計している。また，日本展示会協会によると，五輪延期の影響で当初2020年10月以降に東京ビッグサイトで開催されるイベントに出展予定だった全国の中小企業など，延べ5万社余りが影響を受けるとみられている。この五輪延期による機会損失額は約2兆1,000億円，国内総生産（GDP）成長率で1.1％減を超す押し下げ要因になるとの試算も出て

いる。

　国際テレビ番組見本市においても，2020年3月以降に各国現地で開催予定だった全ての見本市が12月の段階で現地開催を見送った。商談やプロモーション，スクリーニング，セミナーといった見本市の現場で行われていたものがオンライン上へと切り替わっている。

　ロックダウン中は撮影中止が余儀なくされ，商品が激減した番組市場は流通が滞りがちだったが，徐々に回復しつつある。オンライン上での商談が活発化していることが各国，各社から報告されている。緊急措置として始まったオンライン商談が今後，海外ビジネスの有効なプロセスに組み込まれていく可能性は高い。

3-3　変わる番組ビジネスと変わらない番組ビジネス

　MIPTV／MIPCOMを主催するReed Midem社マーケット開発ディレクターのテッド・バラコス氏も「海外コンテンツビジネスにおいてオンライン商談は定着していくものと考えている」と話す。実は5年ぐらい前からオンライン上でも何か企画できないかと検討してきたことを明かしながら，「コロナのパンデミックによって選択の余地なく実施したというのが事実。今後，ワークフロームホームからオフィスに戻る傾向が高まれば，カンヌ現地で缶詰状態で参加した方が効率的だと考える向きもあると予想している。リアルの場だからこそ，サプライズミーティングが発生することもあり，オンラインだけではカバーできないこともある。時代のニーズに応じてマーケットも変化していきたいと思っている」と，思いを語ってくれた。

　海外市場における番組トレンドは時代と共に変わり，ビジネス手法も変化を伴うが，人の手で作られる番組コンテンツを取引する上で，決して変わらないものもあるだろう。国際テレビ番組見本市でも，オンライン上でも，人の温もりが残されていきながら，今後も流通されていくのではないか。

■ 引用・参考文献

【日本語文献】

総務省［2020］「放送コンテンツの海外展開に関する現状分析（2018年度）」https://www.soumu.go.jp/main_content/000691007.pdf

長谷川朋子［2012］［2013］［2014］［2015］［2016］［2017］［2018］［2019］［2020］「MIPTV現地レポート」『月刊放送ジャーナル』各年5月号．

長谷川朋子［2019］「中国，韓国対策を探る総務省の海外支援～香港フィルマート2019現地インタビュー（後編）」『Screens』2019年5月13日　https://www.screens-lab.jp/article/16027

長谷川朋子［2020］「日本の放送コンテンツの海外展開がアジアに注目する理由～シンガポールATF2019レポート（後編）」『Screens』2020年2月4日 https://www.screens-lab.jp/article/23637

長谷川朋子［2020］「秋の国際コンテンツマーケットも完全オンライン化～中国MIP China2020インタビュー後編」『Screens』2020年9月11日　https://www.screens-lab.jp/article/25905

【英語文献】

Ampere Analysis［2020］5 tips for creating content that will have international success-Exclusive white paper. *miptrends,* April 29, 2020. https://www.miptrends.com/producers/creating-content-with-international-success-exclusive-white-paper/

Broughton, J., Genovese, J., & Evenson, M.［2020］The new superformats-What makes a global hit? *BroadcastIntelligence* https://www.broadcastintel.com/reports/the-new-superformats-what-makes-a-global-hit/15

Dredge, S.［2019］MIPCOM Wrap 1: Amazon Studios, Tubi, Surviving R Kelly, Fresh TV and more. *miptrends,* October 14, 2019. https://mipblog.com/2019/10/mipcom-wrap-1-amazon-studios-tubi-surviving-r-kelly-fresh-tv-and-more/

Mulligan, T.［2020］Building show fandom in the streaming era. *MIDiA,* Feburary13, 2020. https://www.midiaresearch.com/reports/building-show-fandom-in-the-streaming-era

Newby, J.［2020］Content strategies in the streaming era–MIPTV Online+ report. *miptrends,* June 26, 2020. https://mipblog.com/2020/06/content-strategies-in-the-streaming-era-miptv-online-report/

（長谷川　朋子）

✕ **BROADCAST CONTENT**

第**3**章 世界の映像流通の政策論争と放送番組海外展開

1 大西洋両岸の「映像」をめぐる政府間の争い

1-1 戦間期

　映画・映像は，その平和なイメージとは別に，古くから米欧間の政府政策上の争点になっていた[1]。それがまず顕在化したのは，第一次世界大戦によって欧州が荒廃し，一方で現在の映像産業特有の「専門化と分業」体制（例えば演出部，制作部，撮照録，美術部，等）の原型となるFlexible Manufacturing Systemとよぶ体制を進め，職人型の制作から大量生産体制（高い効率性と費用優位）に移行したハリウッド／米国から，欧州に向けてかなり不均衡な映像貿易が行われた頃からである。そして映像貿易不均衡問題，競争力格差問題が，今に至るまで政治問題として続いている。欧州側は輸入規制や高関税，上映（screen）クウォータ制[2]，等を導入して米国からの輸入を制限，自国映像産業の保護を狙う一方，米国側は"Trade Follows the Film"のスローガンのもと，映画・映像がもたらす認知効果による米国製品全般の貿易拡充を狙っていた。米国のこの発想は，2010年代のわが国クール・ジャパン政策の発想と本質的に異なるものではない[3]。

1-2 テレビ普及後の世界

　この状況は第二次世界大戦後も変わらず，東西冷戦下での政治対立は，米国から思想目的での戦後の荒廃した西欧州への映像送出を強めるものとなった[4]。もちろん世界的なテレビの普及に併せて，映画作品のみならず放送番組も含めた政策議論に変化していく。特に80年代の欧州での放送民営化時に，ハリウッドのドラマと日本のアニメの集中豪雨的な輸出も１つの問題となった。20世紀も終盤，双子の赤字になやむ米国の数少ない貿易黒字品目の１つにハリウッドが生み出す映像があった。映像は米国にとってその競争優位を守らなければならない品目となっていた。

　米国からの不均衡貿易に悩まされたのは，欧州に限らず地勢的にカナダや中南米，オセアニアといった地域である。特に米国と地続きで同じ言語，似た文化のカナダは深刻であり，一部フランス語圏を持つカナダは，ことこの問題についてはフランスと同調しやすい要素を持つ。ここに冒頭に述べた米国対フランス・カナダ・欧州大陸・中南米の構図が生まれる。

　両者の論争は国家間交渉でも行われてきたが，議論の場を国際会議に本格的に移す。86－94年のGATTウルグアイ・ラウンド，90年代におけるWTOサービス貿易交渉，00年代におけるUNESCO文化多様性条約，10年代における米国・EU間のFTA交渉など，文字通り，「場を移して」議論が続けられている。戦間期に発端を持つこの論争は100年になろうとしており，その根は深く，単なる貿易問題として，若しくは単なる文化，思想・言論問題として，片面だけを扱えば，おそらく今後も解決困難な複合性の強い問題である。

1-3 GAFA伸張後の現在

　そして，GAFA（Google，Amazon，Facebook，Apple）等の米国資本のネット映像配信事業者の伸張をうけた現在である。映像配信に限らず，情報の流通が米国GAFA企業群によって支配されることへの危機感は，過去の映画，

放送同様，欧州において大変強いものがある。

　伝統的に取られてきた放送事業者に対する様々な義務が，外国大手配信事業者にも応用適用されはじめている。2018年11月の修正AVMSD（Audio Visual Media Service Directive）指令[5]により，EU加盟各国では①欧州製作品30％以上のクウォータ義務が課せられたが，各国は指令に基づく自国法制化にあたって，②映画への投資義務，③特別税の賦課，④EPG（Electronic Programming Guide）やウェブ等での欧州作品の特別扱い等，従来テレビ事業者に課してきた義務を配信事業者にも応用している[6]。こうした欧州側，それをリードするフランスの動き（例えばデジタル税[7]等）に対し，米国トランプ政権は強い反発を見せていた。

2　政府が取りうる振興政策

　フランスをはじめとした国々は，様々な政策，競争への対処，協調を以下のような形で採ってきた。

【政府規制の枠組み】

　外国からの輸入（数量）規制。

　映画の上映（screen）クウォータ，放送の放送クウォータ（例えばEUの1989年「国境なき放送指令（television without frontier）」の規定以来にみられる一連の規制はEU製番組過半数以上の編成を各国放送事業者に求めている）。

　国産映画や特定ジャンル番組への投資義務と放送義務。

【政府振興の枠組み】

　補助金制度，税制優遇制度などのインセンティブ制度である。また欧州大陸は国際共同製作の盛んな地域であるが，それを促すようなインセンティブ制度が各国やEUのレベルで採られ，協調によって米国への競争力を高めようとしている。

　協調は米国との間でも行われる。他国に比べ一桁多い製作費を持つ米国の映

画・放送番組の撮影（ロケ）の誘致は，現地映像製作者にも少なからずの雇用機会や収益機会，また技術的，制作的，スタッフの人的交流機会をもたらす。そうした思惑を増幅させるように条件をつけたインセンティブ制度を整備している世界各所のフィルム・コミッション・サービスは多い。また政府等がその制度の資金的な裏づけをしている事例は少なくない。またフィルム（コンテンツ）ツーリズムというワード[8]で訴求されるような波及効果を求めるならば，世界的な配給・流通・放送網を持つ米国と共同製作するほうが，より高い効果を期待できる。

3 対立の論点

3-1 貿易問題 自由貿易か例外か？

　米国にとって，映画・放送番組の輸出は大幅な黒字をもたらしており[9]，米・英を除くほとんどの国の映像の貿易収支は赤字である。わが国とて実際には大幅な輸入超と見積もられる[10]。国際貿易での自由主義と保護主義の間の揺らぎは，各種の品目や分野で議論されるが，映像は「文化的例外（exception culturelle, Cultural Exception）」という領域の中心的議論の1つであったといってもよい[11]。2013年の米欧間FTA交渉でも，それはアジェンダにするかが問われた。フランスは2000年代，UNESCOの場において，文化多様性条約の議論を通し，各国の文化保護政策の積極的な承認，言い換えれば非関税障壁となりうるものを積極的に認める形へ発展させた。

3-2 映像と言論の自由

　映像が政治・社会体制に強い影響を与える言論・思想・文化・芸術を強くまとう財・サービスであることは自明であり，この点が単なる商業的な財やコモディティのあり方と決別させたいと思わせる性質である。上記の政府間交渉は，

つまるところ経済体制と政治体制（言論の自由と不可分な民主主義）の位相を問う側面を有していると考える。

　つまり米国は経済体制も政治体制も個人主義に立脚する体制として個人主義の徹底を双方に求める形をとっている一方で，フランスを中心とした側は民主主義という政治体制の規範が経済体制とは独立，あるいは優越するような置き方にあると考える。フランスの主張のキーワードは多様性である。言論の自由の観点からは，多様な思想的選択肢が人々に提供されていること（同時に多元性）が望ましいが，市場メカニズムは結果として多様性がある状態を保証するとは限らず，寡占化も現象として起きうる。ハリウッドの寡占が世界の随所で見られてきた現実とその不利益を欧州側が被っていたのである。

　この議論をさらにわかりにくくする要素が，映像の内容が持つ，実務性（例えば災害報道や選挙報道）とエンターテイメント性，あるいは高級芸術と大衆芸術の二面性である。二面の間に明確な境界線があるわけでもなく，またある時代の大衆芸術は後の時代の高級芸術に変貌する場合もある（オペラしかり歌舞伎しかりである）。多くのコンテンツはそれら二面性を，程度差を持って内在している。問題は前者と後者では，言論の自由の規範からくる要求の必然性の強さが異なり，政府関与の是認にも差が生まれることである。

3-3　産業支援政策の側面

　第二次世界大戦後の世界的なテレビの普及は，映画産業にとっては重大事であった。新しい映像メディアの誕生が映画の映像市場独占状態を脅かしたのである。この相似形の構図は現在，ネット配信とテレビ放送の間に起き始めている。

　日米欧では対応が全く異なっていた。わが国では映画側が1953年に五社協定を結び，映画と放送は対立的関係に陥った[12]。米国は（報道系は除き）ハリウッドがテレビ番組制作の仕事を取り込む努力をした。その総仕上げともいえるものが，フィン・シン・ルール（Financial Interest and Syndication Rules,

1970)[13] の策定であり，TVネットワークにドラマ等の番組の自主製作・所有誘因を失わせたといってもよい。

　欧州はここでも政府が介在してくる。放送産業に映画を支えさせる公的制度の整備であった。フランスCNCの補助金システムのキャッシュ・フローでは，映画産業と放送産業がそれぞれ支払う特別税額と受け取る補助金のバランスを見ると，放送が映画を支える構図が見えてくる[14]。併せて放送局に年間収入規模に基づく映画投資義務を課している。またサッチャー政権下の英国での「革新的，卓越性，多様性，教育的で質の高い放送を義務づけられ」，独立系映画制作への投資[15] を行うChannel 4の開局（1982年11月2日）も一例である。英国もEady Levy[16] など比較的まとまった金額の映画補助金制度を有していたこともあったが，80年代に至ると財源不足から，またサッチャー政権の全般的な民営化政策から廃止が求められていた（1957年開始，1985年廃止）。直接補助金から放送局が映画を支える仕組みへの転移である[17]。

　いろいろな後付けの解釈はできる。時代の「お金の集まる大衆的メディアのテレビ」に「高級芸術たる映画」を支えさせる構図という解釈もできる。実際，黎明期の放送番組の質は映画に及ぶとは言いがたいし，現在でも映画製作にかけられる予算や時間は，放送番組の水準よりは高い。映画コンテンツを放送番組編成上のキラー・コンテンツとして，放送局側が放映権を求めていた時代でもあっただろう。より抽象的に整理すれば，新しい技術等の事業環境変化によって，伝統的産業と新興産業の間にゼロサム・ゲーム的な状況が生まれるときに，政府が制度設計によってその変化を加速させたり穏やかにしたりすることはよくある。わが国は放置であったが，米・欧は守る産業側（映画）のレント・シーキングが強かった。

　産業間の関係，その波及効果を求める形で政策振興や事業者のビジネス・モデルの変移を図る流れは，90年代以降，
・ウィンドウ戦略とよばれる他媒体（ビデオや多チャンネル放送等）への完パケ映像の多角化展開（映画，放送とも）
・書籍やグッズ，サントラ版などの著作権要素を活用する版権ビジネスの展開

・フィルム・ツーリズム，コンテンツ・ツーリズム，聖地巡礼といわれる形の
　地域振興的な展開

といった形で広がっている。映像の出口，メディアの多様化に伴って，視聴者
が分散（fragmentation）することから，経営の多角化，コンテンツ・マルチ
ユースができる制度を組んでいくことは，事業者にとって必然と言えよう。

4　（よい意味で）「蚊帳の外」にあった日本

4-1　日本の立ち位置

　わが国は上述の国際論争には巻き込まれずに，また政府と産業界も強い関係
性を持たずに，現在に至ったといっても過言ではない。20世紀の間，わが国の
放送番組海外展開は「国際交流」の側面が強く，商業性，営利性への事業者の
意識は薄かった。ICFPの調査による時間数量の調査統計は存在しているが，
金額ベースの統計は散発的にしか見当たらない[18]。また少なくとも民主党政権
時代（～2012年12月）までは，

・映像輸出入に関わる特別の関税や規制は存在していなかった。
・各種の国産コンテンツを優遇する国内制度，例えば上映や放送クウォータな
　どは存在していなかった。
・また国内コンテンツの振興も，政策予算40億円／年程度で，欧州の中堅国な
　みの水準であった。
・各種の国内法などは，日米構造協議，日米包括経済協議，年次改革要望書，
　日米経済調和対話などを通して比較的米国寄りの制度へ近づいていった。
・メディア政策の根拠を，コンテンツよりは伝送路に置く傾向が強い。

といったことから，米欧間の論争に巻き込まれずにいたというべきである。つ
まりWTO/FTA的な自由貿易の障害になるような映像分野の関税，非関税障
壁はないに等しく[19]，わが国の映像市場は国産，輸入含めて，強い自由競争の
もとにある。一方で，UNESCO文化多様性条約で議論しているような積極的

な保護政策や支援政策は，国の規模に対して小規模で推移してきたため，わが国がこの点で国際的な問題になることがなかった。国家間の国際共同製作協定[20]も大変不活発で，他国に対する排他性を生み出すこともなかった。

　法律的な態度のもとでは，わが国はWTO/GATSに対して，「サービス貿易の主要な分野の1つである音響・映像サービスを『文化的価値』という曖昧な概念を理由にGATSの対象外とすることは不適当であると反対。結局，協定の規定においては『文化的価値』の保護のために必要な措置をサービス貿易自由化の例外とはしない」[21]としており，他方ではUNESCO文化多様性条約には未批准である。つまり，表面的にわが国は米国寄りの姿勢にあり，コンテンツに対しては文化政策というよりは産業政策としての色を強く押し出している。

　この中でわが国国内市場が国産，輸入を問わず，かなりの制度的な自由市場にあることは，特筆すべき点であると考える（もちろん日本語という天然の貿易障壁の存在は無視できない）。この鍛えられたオーディエンスの眼は，国際的にアピールできる点と考える。

4-2　日本の映画と放送番組の海外展開政策　略史

　20世紀の間，わが国からの映像（放送番組，映画）輸出は，時間数量的には伸びていた[22]が，内容をみれば「政府文化無償協力」「国際交流基金による番組提供」それに「放送番組国際交流センター（JAMCO）による番組提供」といった，非営利活動に基づくものも少なからずあった。また主力となっていたアニメ番組輸出も，その販売価格という点では，例えば80年代の欧州各国での放送民営化や世界的なケーブル，衛星を含めた放送市場拡大期に大量の輸出をした際に，「ほとんど利益にならない価格で輸出した」と振り返るアニメ製作会社経営者は多い。

　また，大場［2017］[23]が指摘するように，ドラマの輸出も70年代のそれは「日本のテレビ局はほとんど関わっていない。アジア諸国に出されたドラマの多くは映画会社がフィルムで作る『テレビ映画』の扱い」であり，少なくとも

主要な放送局が海外番販の事業性を強く意識していたかと言われれば疑問が残る。また，もっとも有名な事例であろう公共放送NHK『おしん』の海外展開も，上記の国際協力／支援の枠組みでの展開された国が多い。映像海外展開をめぐる政策の関わり方も，外務省の「国際協力，親善」の枠組みであり，事業性，商業面への公的関与や民間の意識は小さなものであった。

　21世紀に入り，小泉政権下，内閣府での知的財産戦略本部（2003年3月）の設置は，コンテンツ政策，海外展開の考え方の転機である。特許と並んでコンテンツが「我が国産業の国際競争力の強化を図ることの必要性」のために政策の対象となった。少し前には，経済産業省のなかに文化情報関連産業課（メディア・コンテンツ課）が設置（2001年1月）されたり，その後，文化庁が「『日本映画・映像』振興プラン」に基づいて最大約25億円の予算（平成16年度）を投下するようになる。しばらくして，総務省もコンテンツ流通促進室を情報通信作品振興課（コンテンツ振興課）に格上げする。後掲するデータのように，海外番組販売の統計も総務省情報通信政策研究所によって集められるようになった（それまでは散発的な調査と推計値しかなかった）。2000年代は考え方の面で，大きな転機であった。

　そして2010年代は後述するように政策予算規模の転機となる。安倍政権下で行われた経済的波及効果といった目標，年間数十億円を超える政策投資，販売額などの成果実績は，欧州主要国の規模に近づきつつある。これら21世紀に入ってからの意識と予算の転機は，放送番組と映画（従ってパッケージ系，制作局系のジャンル）の国際展開や国際市場における，戦間期から百年近く続けられている米国対フランス・カナダ・欧州大陸・中南米・その他の国との構図で現れる競争，協調，政策論争の様々な現象を想起させるものがある。わが国は良くも悪くもこうした状況に距離感があった。

5　2012年12月の前後

　わが国のコンテンツ政府政策において，安倍政権誕生（2012年12月）は予算

面での大きな転機になっている。また，数ある（メディア）コンテンツのなかでも「放送コンテンツ」，「地域発コンテンツ」に比較的重点が置かれた点も特徴的である。

5-1　政策予算

2000年代の中盤，わが国の中央政府によるコンテンツ振興予算は，一般財源をもとにした概ね40億円前後，あるいは集計の仕方の違いで，90億円前後の規模で推移し（図表3-1），当時の比較では，欧州大国並みとならず，中堅国（オランダ，ノルウエイ，デンマーク，オーストリア，ベルギー，スイス，アイルランド，ポーランド）クラスの政策予算規模であった。

図表3-1 ▶ 我が国のコンテンツ振興予算

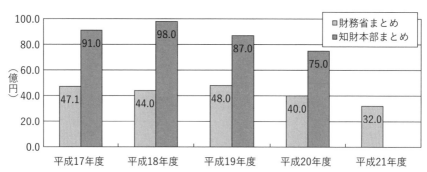

出所：財務省主計局「予算政府案　参考資料（政策群）」，および知的財産戦略推進事務局「知財関連予算案等の概要」各年度から抜粋。知財事務局のものに関しては，「コンテンツビジネス」という大枠から「日本ブランド」という部分項目を引いた値である。）

また，2009年，2010年に行われた民主党政権下での行政刷新会議「事業仕分け」においても，コンテンツ予算の一部が対象になったこともあり[24]，その後の11年3月の大震災対応も含め，政府政策としての拡大はみられなかった。

2012年12月に安倍政権が発足後，直ちに平成24年度補正予算のもとで発表さ

れたのがJ-LOPとよばれる大型の補助金制度であった（図表3-2）。年間数
十億円といった規模は，もちろんわが国のコンテンツ政策の歴史の中で桁違い
に大きなものであった。最初は経産省と総務省が相乗りする形であったが，そ
の後は経産省メディア・コンテンツ課によって管理（受託団体はNPO法人映
像産業振興機構）されている基金，補助金制度である。映画・放送番組に限ら
ず，音楽，ゲーム等も含めたメディア・コンテンツ全般のローカライズ費用や
国際見本市への出展等のプロモーション費用の補助（補助率：1/2，のちに一
部案件は2/3）に用いられた。

図表3-2▶J-LOP／J-LODとよばれる基金，補助金

略称	実施期間	正式名称	予算額
J-LOP	2013.3-15.3	平成24年度補正予算　経済産業省・総務省「コンテンツ海外展開促進事業」基金	123億3,000万円（経産省），32億円（総務省）
J-LOP+	2015.3-16.3	平成26年度補正予算　経済産業省「地域経済活性化に資する放送コンテンツ等海外展開支援事業費補助金」	59億9,744万円
J-LOP	2016.2-17年	平成27年度補正予算　経済産業省「地域発コンテンツ海外流通基盤整備事業費補助金」	66億9,400万円
J-LOP4	2016.12-17.11	平成28年度補正予算　経済産業省「コンテンツグローバル需要創出基盤整備事業費補助金」	59億9,900万円

以上，J-LOPとよばれる支援金制度
以下，J-LODとよばれるスキームが大幅に異なる支援制度

	2018.04-19.01	平成29年度補正予算　経済産業省「クリエイターを中心としたグローバルコンテンツエコシステム創出事業」	30億0200万円
J-LOD	2019.02-20.01	平成30年度補正予算　経済産業省「コンテンツグローバル需要創出等促進事業費補助金」	30億0100万円
J-LOD live	2020.05-	平成31年度補正予算　経済産業省「コンテンツグローバル需要創出促進・基盤整備事業」	31億0100万円

もちろん大型予算はJ-LOPだけではない。総務省コンテンツ振興課は下記のような形で放送番組の海外展開に焦点を当てたプログラムを提供している（図表3-3）。こちらは事業の核に放送番組の海外展開がある事業が補助の対象となる。

図表3-3 ▶ 総務省　海外番販予算

実施年度		予算
2013	コンテンツ海外展開のための国際共同製作	15億0400万円
2014	放送コンテンツ海外展開強化促進モデル事業	21億円
2015	地域経済活性化に資する放送コンテンツ等海外展開支援事業	16億5,000万円
2016	放送コンテンツの海外展開総合支援事業	12億円
2017	放送コンテンツ海外展開基盤総合整備事業	13億4,000万円
2018	放送コンテンツ海外展開総合強化事業	12億8,000万円
2019	放送コンテンツ海外展開強化事業	16億5,400万円
2020	放送コンテンツ海外展開強化事業	15億5,200万円

6　成果

6-1　総論

大きな意義は，海外事業に無意識であった事業者にそれを経験する機会を与え，一部の事業者はその積極的な事業化を模索していること，また，以前から海外番販を手がけていたNHK（NHKエンタープライズ）や民放キー局等には，新たな段階のビジネス・モデルへの挑戦を進める契機を与えたことと考える。

映画や放送は，新しいメディアが生まれるたびに，オーディエンスの分散，収入の分散に直面する。結果としてウィンドウ戦略に代表される作品のマルチユース展開，多元的な収入源の確保が経営戦略として必要となる。映画に対するテレビの登場がその最初の事例であるし，その後，映画・放送とも家庭用ビデオ，ケーブル，衛星の登場の際にそれを実践することになる。2020年代は

ネット媒体との本格的競合に入る。収入の9割以上を放送事業に依存する民間放送事業者も多く，放送外収入の拡充，経営の多角化をある程度は検討しなければならない。海外番販はそうした経営多角化の挑戦の一環である。

6-2　数量的成果

わが国放送番組の海外販売（金額）は，過去最高を更新中（2018年数値，2020年6月発表）であり，好調に推移している。その背景には，
・大型補助金の充実により，キー局のみならず，地方局，制作会社含め，業界あげての海外意識の高まり。
・（下記の統計が取られている）2012年以降の為替レートの円安トレンド。
・グローバル市場におけるネット配信バブルの発生。わが国にもアニメを中心

図表3−4 ▶ 地上テレビ番組の輸出金額（億円）

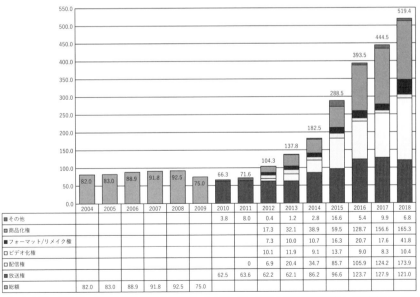

	2004	2005	2006	2007	2008	2009	2010	2011	2012	2013	2014	2015	2016	2017	2018
■その他							3.8	8.0	0.4	1.2	2.8	16.6	5.4	9.9	6.8
■商品化権									17.3	32.1	38.9	59.5	128.7	156.6	165.3
■フォーマット/リメイク権									7.3	10.0	10.7	16.3	20.7	17.6	41.8
□ビデオ化権									10.1	11.9	9.1	13.7	9.0	8.3	10.4
□配信権								0	6.9	20.4	34.7	85.7	105.9	124.2	173.9
■放送権							62.5	63.6	62.2	62.1	86.2	96.6	123.7	127.9	121.0
□総額	82.0	83.0	88.9	91.8	92.5	75.0									

データ出所：総務省　情報通信政策総合研究所，「メディア・ソフト研究会報告書」，総務省コンテンツ振興課各年

にその恩恵が波及。

といったことがあげられる。

　安倍首相（当時）は成長戦略についての2013年5月17日の講演のなかで，放送番組の輸出額を5年後（2018年度）までに（2010年度の）3倍増（約200億円）にすることを掲げていたが，3年前倒しの2015年数値で達成された。これを受け，新たな目標として，「2020年度までに放送コンテンツ関連海外売上高を500億円に増加」とするものとしたが，これも2018年数値にて達成されている。その構成のうち，ネット配信には新興国やBRICSを中心に以前からも需要があったが，その売買レートは以前は安く，売手側からすればあくまで放送局の放送権の付随的な扱いであった。しかし図表3-4でも示されるように短期の間にビデオ化権や放送権を上回る規模となっている。また総務省は一般的な産業連関分析に基づく波及効果を発表している（図表3-5）。

図表3-5 ▶放送コンテンツ海外展開モデル事業の経済波及効果

出所：総務省資料p.4，内閣府知的財産戦略本部検証・評価・企画委員会　コンテンツ分野会合（第4回）（平成28年3月22日）

　安倍政権においては，当初「放送番組」の海外展開が強調されたが，政策予算はそれに対する配賦に特化されてはいない。他のメディア・コンテンツ・ジャンルにおいても，海外展開が急速に進むことになる。放送番組同様，映画においても，ほぼ横ばいで推移していた海外輸出が，急速に上昇基調となる（図表3-6）。中国，東南アジアを中心に欧米など世界各国に輸出が広がり，アニメの配信が特に伸びたとされる[25]。

図表3-6 ▶ 映画と放送番組輸出額

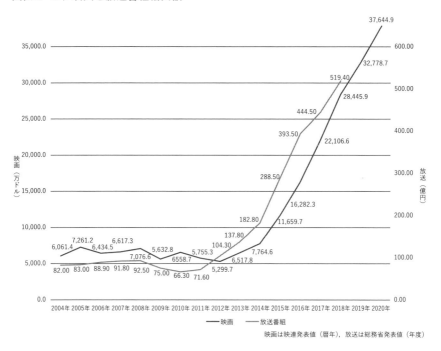

映画は映連発表値（暦年），放送は総務省発表値（年度）

6-3　質的，構造的評価（ビジネス・モデルの進化）

　積極政策のおかげで，事業者のビジネス・モデルの進化が進められたと考えられる。一般に経営の国際化は，製品の輸出入，販売拠点の海外展開，生産拠

点の海外投資，トランス・ナショナル経営など，段階を追って進化する（図表3-7）。日本の海外番販もそうした進化の側面が観察されるし，それを政策が後押ししていた。

図表3-7 ▶ 海外番販の発展段階モデル

	イメージ	制作の向上のために（国内のみ対象の作品を除く）	価格	流通	
				見本市	販路
ph1	（ローカル局）	海外メジャーの品質管理がかかる制作体制。売物としての数量確保，量的な制作体制。Tokyo Docs等での研修活動。	低い収益性。現場の動機付けなど，収益外の目的も考慮したうえでの海外活動	ATF, TIFFCOM等，地域見本市への参加 *MIP*等，メジャー見本市へのJAPANブース相乗り。	信頼できる誰かに預ける。誰？？ キー局？ 総合商社？ 代理店？ 他？
ph2		国際共同制作による国外テイストの理解（オールジャパン・ブランドの応援）	（認知拡大のための）普及価格の必要性(ex. 80年代の日本アニメ，00年代の韓流番組)	VisitorからSellerへ	
ph3	（東京キー局）	フォーマット＆リメイキング 国際共同制作 チャンネル事業進出	薄い収益性の発生	メジャー見本市へのブース単独出展	リピーターとの直接の継続取引。（それでも世界は網羅できないので）著名・有力代理店への信託
ph4		（個別社のブランド化努力）		（見本市からの独立）	
	（BBC, 他メガメディア）	局のブランド化 細分化された番組ジャンルのブランド化（作品単品で売らない），当該国でのクロスメディア展開	強い利益志向	自社見本市 ex. BBC Showcase	支社・子会社による活動

図表3-8 ▶過去のJ-LOP事業による効果

平成24年度及び26年度補正予算事業J-LOPを活用した新規海外展開（実施期間中分）

J-LOP利用事業者の海外展開国数は大幅に増加
J-LOPを活用して初めて海外展開した事業者は
のべ405社であり，全J-LOP利用事業者の約36%

平成26年度補正予算事業の効果分析

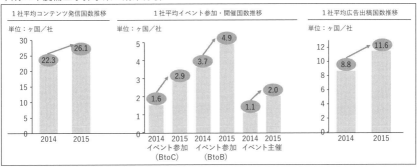

出所：経済産業省資料p.4，内閣府知的財産戦略本部検証・評価・企画委員会　コンテンツ分野会合資料（第2回）（平成28年11月22日）

ph1）海外に関心のない事業者が，単発の完パケ売りの形から事業参入し（図表3-8），

ph2）単発の完パケ売りをしていた事業者が，継続事業として考えるようになり，

ph3）大手事業者は完パケ売りからリメイク権／フォーマット売りに進化し，

ph4）中には現地投資する事業者も現れ始める。

ph1　完成番組の販売，フッテージの販売

　あらゆる財・サービスの輸出を考える際に，まず考えることは完成品の輸出である。番組販売も完パケ作品を海外事業者に売り，ローカライズ（字幕，吹替，現地放送コードへの適応）のうえ，現地での放送となる。

ph2　信頼できる流通チャネルの開拓，職能の部分的な海外移転

　一般に拡販見込みが立つと，国際流通チャネル整備の課題が高まる。その際，わが国のように信頼性を重視する商慣習を持っていると，得意先の選別が必要である。海外番販の世界でも，番販マーケットにビジターとして足しげく通い，いくつかのテスト的な販売を経て，信頼できるエージェントやバイヤーが見出される。在京キー局といえど，信頼できる流通チャネルの発見・構築において時間がかかった印象が残るが，現在は各社それぞれによきパートナーを見出しているように思われる。地方局等の世界の番販マーケットへの参加（カンヌMIPTV/MIPCOM，シンガポールATF，香港FILMART，東京TIFFCOM，等）も，2010年代を通してかなり活発になった。

ph3　中核的な職能の海外展開，大型の海外投資

　番販の場合，支社や販社の拡充など現地流通拠点のさらなる整備と企画の移転が検討される。企画はドラマ台本等の移転，つまりリメイク権と，バラエティなどの企画書の移転，つまりフォーマット販売である。在京・在阪局の現在の中心的関心はこの段階である[26]。リメイク権やフォーマット販売は，ときにオリジナル版制作者による制作アドバイスといったアフターケアが行われることもあり，それを通して，販売担当者同士ではなく，制作者同士が交流するチャンスが生まれてくる。これが共同製作の芽である。わが国の国際共同製作は

　・キー局と欧米制作会社の間のフォーマット共同製作[27]
　・日本ドラマのアジア等でのリメイク事業
　・外国取材クルーの日本取材サポートをきっかけとした共同取材，製作
　・Tokyo Docs[28]にみられるドキュメンタリー・ジャンルの企画マーケット

といった形で観察される。

　さらに進めば現地法人投資や直接的な現地制作会社への投資もあり，在京局のなかには，中華圏や東南アジアへの投資を始めた局もある。現地に流通会社の投資（チャンネル・ネットワーク and/or 伝送路を持つ放送局）を行うもの

もある。国営・公共放送が在外同国人向けに，国際放送や現地多チャンネル・ケーブル＆衛星放送向けチャンネル・サービスを展開する例である。日本国内でも韓国やブラジル，香港のそうしたチャンネルがケーブルやスカパーを通して視聴可能である。

わが国からの場合，アジアをエリアとするJET-TV（Japan Entertainment Television Pte. Ltd.; 1996年に，住友商事，TBS，MBS，HTB及び台湾地元資本などが出資して設立。現在は日本番組放送局から総合放送局へ発展），㈱日本国際放送（JIB: Japan International Broadcasting Inc. NHK，テレビ朝日，TBS，日本テレビ，フジテレビ，マイクロソフト等，出資），WAKUWAKU JAPAN（スカパーJSAT，クール・ジャパン機構出資　インドネシア・ベース）が，そうした例である。

ph4　トランス・ナショナル経営

究極の海外展開はトランス・ナショナル経営モデルであり，この典型例がBBC Americaであろう。わが国にこれに匹敵する規模感のものはまだ観察できない。当初の意図はBBC番組の海外展開にあたり，ケーブル・衛星用の番組ネットワークとして，現地法人として設置し，在外英国人向けサービスであったかもしれない。言語・文化を共有するとはいえ，米国現地での取材・番組制作も積極的に行われ，約7,687万世帯契約（2016年1月。ウェザー，CNN，フード，ディスカバリーなどの最上位クラスで1億世帯弱の契約）くらいの浸透度になると，まさしく地産地消といえる。

7　巨大配信プレイヤーが変える世界放送番組流通網

2010年代の後半，世界で（映像）ネット配信バブルが起きたといわれる。こうした映像コンテンツ・バブルのような現象は，過去にも，80年代の欧州放送市場民営化と市場開放時，80-90年代のケーブル・衛星放送の拡張時など，制度（例えば市場の民営化）や技術（新しい伝送路，技術規格等）の大きな変化

によって，映像コンテンツに対するB2B需要が急拡大して現れる時がある。急速に放送市場が拡大する時，コストや時間節約の点から自社製作のみならず買い付けも併せて行わないと，編成上の番組数が足りない。それが2010年代のネット配信事業者の作品ラインナップの拡充という形で起きている。

　そもそも海外番販市場での買手の立場でいえば，自ら番組製作するか他社から買い付けるかという大きな選択肢のもとで，買い付けを選ぶ合理性が必要である。他に代え難い圧倒的な内容の高さやオリジナリティ，コスト・ベネフィット，制作／調達時間の節約等に加え，為替の問題も無視できない（2010年代は相対的に円安の時代であった）。外国製番組は，実際には深夜や平日日中，多チャンネル・サービスのなかで放送されることが多く，それゆえに「大量に，割安な価格で」供給できる売り手は強い。ハリウッド・ドラマや日本アニメの強さの一因はここにあった。

7-1　ネット専業の配信事業者の台頭

　ネット専業巨大映像配信プレイヤーが映画業界と放送業界に与えている１つの衝撃は，その作品製作費の高さと海外展開力である。海外番販では圧倒的に強いプレイヤーの英国BBCですら，その海外向けの配信権を捨ててまで，国際共同製作を進めるような状況にある。2010年代は米国資本の巨大映像配信プレイヤーが急速な台頭をした10年間であった。

　例えばNetflixの歴史を振り返れば，その競争モードが

↓ａ．対レンタルビデオ事業を意識した作品ラインナップ（品揃え）の拡充
↓ｂ．多チャンネル放送事業を意識したオリジナル製作への試み
↓ｃ．映画や基幹的な放送事業者を意識したブロックバスター作品の製作，
　　　賞獲りレース，有力な才能や設備の囲い込み行動。

と推移していることがわかる（図表3-9）。特にｂ.からｃ.にシフトするにあたって，伝統的な放送事業者の海外番販事業との競合も現実的になってきた。

　品揃えの拡充から作品の魅力，競争力，オリジナル製作，製作能力の向上，

図表3-9 ▶Netflixにみる配信事業の競争モードとコンテンツ・ジャンル

年	事象	競争相手・モード	
1997年8月29日	創業		
1998年4月14日	オンラインDVDレンタル開始	対 レンタルビデオ事業者	
1999年12月16日	定額制導入		
2000年	レコメンド導入		
2002年	NASDAQ上場	資本調達競争参入	
2007年1月	円盤からネット・ストリーミングへ	対 PC，コンソール型ゲーム	
2010年9月22日	カナダ進出	対 海外展開	初の海外進出。欧州，中米へは翌年2012年。日本は2015年。
2012年2月6日	初のオリジナル作品 *Lilyhammer* 配信開始	対 ケーブル・衛星放送	このあたりから北米でのケーブル・コードカット問題発生
2013年2月1日	*House of Cards* 配信開始	対 ケーブル・衛星放送 対 ハリウッド（ナレティブ放送番組製作）	同年エミー賞9部門でノミネート。Netflix初，テレビ局以外初のノミネート。
2014年2月14日	4 K配信	先端事業	*House of Cards season 2* が4K配信
2014-15年	6 K製作	先端事業	*House of Cards season 3*が6K製作（納品）配信は4K
2015年2月	*Virunga* アカデミー賞長編ドキュメンタリー部門ノミネート	対 ハリウッド（映画 ドキュメンタリー）	
2017年2月	*The White Helmets* アカデミー賞長編ドキュメンタリー部門受賞	対 ハリウッド（映画 ドキュメンタリー）	
2017年5月	仏カンヌ映画祭での反発	対 映画（フランス）	ポン・ジュノ監督*Okja*，ノア・バームバック監督 *The Meyerowitz Stories*に対するコンペ対象資格論争
2019年2月	米アカデミー賞での反発	対 ハリウッド（映画，ナレティブ）	オリジナル作品 *Roma*を巡るコンペ対象資格論争

希少な才能の囲い込みに競争属性をシフトさせた配信メジャーは，作品製作・調達の重点地域を持っているように思われる。アニメに関しては日本，実写脚本ジャンル（scripted format）では欧州にその傾向があるといわれる。AmazonとNetflixのオリジナルの56％はデンマーク，オランダ，英国，スペインからというデータもある[29]。拠点となる製作ハブもマドリードに構築し，さらにカナダ・トロント，バンクーバー，米ニューメキシコ，英ロンドンにもそれを求めている。

　完全なオリジナルでなくとも，メジャー放送局との共同製作も活発である。最初に放送に供された番組は，配信メジャーにとってもフラッグシップ番組になりうる。その知財にアプローチするうえで，①成功した番組の配信権の確保，②続編の共同製作参画，という段階を追った構図も見える。

　共同製作は配信側からの一方的な動機ではない。Netflix，Amazonが持つ製作予算があまりに巨大で魅力的でもある。ネット展開という二次利用は，海賊版の大きな原因でもあるため，従来は積極性を持てなかったが，配信メジャーの存在感の強さが，メジャー放送局にも変化を強いている。

　英国BBCもその1つである。ある意味で世界最強クラスの放送局の，しかも海外番販でも最も強いポジションにある放送局であるが，彼らもAmazon，Netflixとの協働が目立つようになってきた（図表3-10）。海外番販において，ネット配信権は重要なオプションであり，従来ならば放送権とセットで売るものであった。しかし配信メジャーが築いた世界配信網は，この売り方に再考を強いている。

　さすがにBBCが英国国内のネット配信権を譲ることはない（なぜなら自社iPlayerというプラットフォームの存在）が，海外となると，自らの力（旧BBC Worldwide, 現BBC Studio）が配信権を売り（配信メジャーとの共同製作をあきらめるか），あるいは配信メジャーの大きな製作費のもので共同製作するかわりに一部の海外配信権の自社売りをあきらめるか，という選択である。これをより複雑にするのは，BritBox[30]とよばれるBBCとITVによる共同配信プラットフォームである。これは英国，米国，カナダでサービス提供されてい

図表3-10▶BBCと配信メジャーとの協働

作品名	BBC側	配信先
Bodyguard	BBC1にて，2018.8.26から放送	UK・アイルランド以外は，Amazonで10月24日から配信（国内はiPlayer）
McMafia	BBC1にて，2018.1.1から放送	BBC WWがAmazonと配信契約（2017.9）[32]
The Last kingdom 1st season	BBC2にて2015.10.22から放送	Netflixへの番販，配信
同　2nd season	BBC2にて2017.3.16から放送	Netflixとの「共同製作」
同　3rd season (4th season) planed	n.a.	Netflix　オリジナル製作，2018.11.19から配信
Troy fall of city	BBC1にて2018.2.17から放送	Netflixとの「共同製作」[33]，UK外にて2018.4.7から配信
Black Earth Rising	BBC2にて2018.9.10から放送	Netflixとの「共同製作」。UK外にて2019.1.25から配信開始
Good Omens	BBC2にて2020.1.15から放送	Amazonとの「共同製作」。2019年5月31日にAmazon Primeにて全話配信。制作/配給 BBC Studlos[34]

るものである。BBC（の各番組プロデューサー）とすれば[31]，どこに配信権を扱わせるか，より的確に判断を求められる状況となっている。

伝統的放送局と配信メジャーの戦略的提携

伝統的放送局側：配信メジャーが持つ巨大な製作費へのアプローチ

配信メジャー側：伝統的放送局がもつクリエイティブ資源，知財へのアプ
ローチ

経営戦略論上，共同製作は提携戦略ともいえ，それは不安定な組織形態であり，また相手方から何かを学習・取得する戦略でもある。双方とも，得るものもあれば失うものもあることは留意しなければならない。そのひとつがブランド棄損である。配信側がカタログの充実，数の追求といった過去のトレンドか

ら変化し始めたことは，ブランド・エクイティへのこだわりであり，既存の放送局が生み出したそれを利用したいという思惑が明確に出ている。なかには，（ドラマ）シーズン1からの提携ではなく，シーズン2以降で提携する例もある。シーズン1の出来を見定められているわけである。

　逆に放送局側が，完パケではなく，フォーマット売りすれば，グローバル・コンテンツというよりは，ローカル・ランゲッジ・プロダクション，つまり地元向けの色合いを強めて，守るべきブランド・エクイティとの距離を持てる。映画というよりはテレビの性格にはよりよいと思われる。

　こうした配信メジャーとの提携は，放送局側からすればまだまだ主流というわけではなく，一部の動きにすぎない。しかし配信プレイヤーの番組予算は既に巨大である。米国以外の主要国メジャー放送局にすれば，既に追いつけない

図表3-11 ▶ BBC以外の放送事業者と配信メジャーとの協働

作品名	放送局側	配信の展開
The Department of Time, 3rd season	スペイン RTVE, La1	Netflixとの「共同製作」[35] Netflixにて世界配信
Money Heist 3rd Part	スペイン Antena 3	2017年 5 月　Antena 3で1st season放送，12月　Netflix配信（非英語タイトルで最も見られた作品）
		2019年　3rd PartのNetflixでのオリジナル（exclusive）製作配信予定，Atresmedia（Antena3の会社）とNetflixの契約で，Vancouver Mediaで製作
The End of the F***ing World	UK Channel 4	1 話放送，以後見逃し配信をall 4にて2017，10から。
		⇒　全話　Netflix UK & All 4にて2018 1月から
		Channel 4の番組かNetflixの番組か認識しない受け手が増え，ブランドの棄損。
		⇒　2nd seasonからchannel 4で放送，1 年経過後Netflix配信
the circle	UK Channel 4	2018.9 .18から放送されているリアリティ・ショー。そのフォーマットがNetflixに売られ，US版，ブラジル版，フランス版が予定されている。[36]

番組製作費となっているかもしれない。一部の「海外番販を捨ててまでも」，この手法が合理的になる場面は少しずつ増えると予想される（図表3-11）。

8　今後に向かって

　メディアの軸足が電波リニア放送から，タイム／デバイス／プレイス・シフト視聴を経て，インターネット配信へ傾斜しようとしている。その先には巨大な専業事業者がいて，あたかも映画の世界のハリウッドによる世界市場寡占状態を想起させるものがある。

　必然的に放送番組の国際流通チャネルも大きく変わらざるを得ない。米欧間で長く激しく繰り返してきた政策論争が，今またGAFAを主たる対象として行われている。

　この長い政策論争が示唆することは，産業政策とメディア＆文化政策のバランスのとり方の難しさである。極端に解はなく中庸のどこかにそれはある。しかし実態と歴史が大西洋両岸にそれをさせなかった。

　わが国も20世紀までと21世紀に入って以降の間で揺れ動きはあるものの，米仏のようなエッジにはいない。その中庸さを維持しつつ，成果をあげていくことが望まれる。

■注

1）大西洋の両岸では多くの議論が存在し，学術的にも議論されており，その網羅は容易ではない。その中で，例えばHoskins. et al. [1997] やNoam & Millonzi [1993]，Dale [1997]，Finney [1996]，などは，両サイドの考え方を概観できるものの一部である。

2）特定ジャンルの作品群に対して，一定枠の映画館上映を制度化するもの。戦間期にイギリスが，映画興行主に対して，自国映画の上映割合を当初7.5％以上（1927年），のちに20％以上（1935年）を課した。本数（回数）の割り当てという着眼点以外に，韓国などは「年間52週のうちの13週以上を自国作品に」，と期間の割り当てという考え方もある。米国はWTOなどの場で，クウォータ制度は非関税障壁であるとして問題視している。

3）実際に2000年代の経済産業省（メディア・コンテンツ課）の文書には，こうした波及効果を期待する文言がよく現れる。

4）後のベルリン国際映画祭が1951年の西ベルリン市という，東西冷戦の過酷な時／場所で始

められたことは象徴的である。

5）DIRECTIVE（EU）2018/1808 OF THE EUROPEAN PARLIAMENT AND OF THE COUNCIL of 14 November 2018

6）Cf. Mapping of national rules for the promotion of European works in Europe", European Audiovisual Observatory, January 2019

7）Création d'une taxe sur les services numériques LOI n° 2019-759 du 24 juillet 2019。これ以外に国立映画アニメセンターが管轄するビデオ特別税の配信事業者への適用がある。

8）わが国の場合は「聖地巡礼」という言葉に化けている。

9）米国商務省の貿易統計（2016年統計，2015年数値）によれば，映画と放送番組は輸出（17,789mUSD），輸入（4,504mUSD）で大幅な黒字となっており，またハリウッドの業界団体MPAA/MPAは，定期的にレポート"The Economic Contribution of the Motion Picture & Television Industry to the United States"の中で，雇用創出と貿易収支への貢献の２点を，高い頻度で訴え掛けている。

10）わが国の貿易統計には，映画・放送番組等を特定する品目が設定されていないため正確には知ることができない。しかし対米（日本からの輸出700万ドル，日本の輸入６億8,300万ドル，2015年）の６億ドルを超える大幅赤字を考えれば，総務省が公表する日本のテレビ番組の全輸出金額（約１億8,000万ドル），映連集計の日本映画の全輸出金額（１億1,000万ドル超）を考慮しても，他国との貿易収支で，対米赤字を埋め合わせる額には到底達しない。

11）映像は，言論・思想をまとめた高費用，費用逓減性を有する財・サービスである。同じ言論・思想をまとめていても，文学や書籍が貿易摩擦問題に発展することは相対的に稀である。例外といえるのは地続き・同一言語の米国・カナダ間での雑誌の輸出入を巡るWTOでの議論（1997年）である。

12）NHK［2003］，内山［2008］などを参照。

13）TVネットワークがシンジケーション活動と番組の権利取得することを事実上禁止する内容を持つ法律。一面では放送局に対して弱い立場にある制作会社の保護政策でもあり，またプライム・タイム・アクセス・ルールと併せてローカリズムを推進することが目指された。結果としてハリウッドが利を得ることになる。1996年廃止。

14）2015年の数値では映画が払う特別税１億4,030万€，受け取る補助金３億3,250万€，放送が支払う特別税５億430万€，受け取る補助金２億8,910万€である。

15）正確には出資先の会社 Channel Four Films からの投資となる。

16）Cf. Puttnam & Watson［1997］, Stubbs［2009］.

17）Cf. BFIウェブサイト

18）その過去の概況については内山［2012a］参照。

19）もちろん内容の倫理規制や放送コード規制は非関税障壁になりうるものであり，どの国にも何らかのものが存在している。それについてもわが国は緩いほうであると考える。例えばアニメ輸出史で語られるように，暴力／性的描写についての倫理規制は外国のほうが厳しくわが国のほうが緩い傾向がある。それらが貿易問題のアジェンダかといえば，いささか疑問が残る。

20）わが国にはカナダとの協定（Common Statement of Policy on Film, Television and Video Co-production Between Japan and Canada, July 20, 1994, Tokyo），シンガポールとの協定

(Common Statement of Policy on Film, Television and Video Co-production Between Japan and Singapore, 26 April, 2002, Singapore) があるが，いずれも活用が乏しいと指摘され，不活発である。過去ユニジャパンがフランスとも「日仏映画協力覚書」を取り交わしたが（2005年５月14日），一旦終了し，再び「日仏映画協力協定」の締結（2019年２月15日）を行ったが，仮に今後，合作協定等に発展させるにしても，フランス側がUNESCO文化多様性条約の加盟を求めるために，難しい状況である。

21） 経済産業省［2013］「サービス貿易」，『2012年版不公正貿易報告書』，第11章，p.439 2013年４月22日。

22） Cf. JAMCO［2004］.

23） Cf. 大場［2017］.

24） 行政刷新会議「事業仕分け」
平成21年　事業番号2-57「コンテンツ産業強化対策支援事業」2009年11月26日
http://warp.da.ndl.go.jp/info:ndljp/pid/9283589/www.cao.go.jp/sasshin/oshirase/h-kekka/pdf/nov26kekka/2-57.pdf
平成22年　事業番号A-13（２）「地域コンテンツの海外展開に関する実証実験」　2010年11月16日。
http://www.soumu.go.jp/main_content/000103233.pdf

25） 2016年１月映連記者発表時，質疑応答。

26） TBSの『SASUKE』（米国現地名*Ninja Warrior*）に代表されるフォーマット販売の成功は，その成功に至るまでの苦労や参入の難しい米国での高い成功と諸外国への広がり，並行して起きた模倣を巡る対エンデモール訴訟など，わが国の海外番販を考える際にアニメの成功と並んで特筆すべき事例と考える。Cf. 杉山［2012］，TBSテレビ［2012］。
テレビ朝日やフジテレビ（FCC）は，それぞれインドにおけるアニメ，中国におけるドラマ・リメイクで，有力パートナーとの間で国際共同製作を進めている。Cf. テレビ朝日［2015］。

27） 事例に関しては，海外番組販売検討委員会［2012］，pp.28-33　参照。

28） http://tokyodocs.jp/

29） Advanced Television,"Co Co-productions rise as Amazon & Netflix get collaborative"-21/06/2018
https://advanced-television.com/2018/06/21/co-productions-rise-as-amazon-netflix-get-collaborative/

30） 英国（2019年11月７日），米国（2017年３月７日），カナダ（2018年２月14日）でローンチ。

31） 拙著によるBBC関係者へのヒアリングによれば，「例えばプロデューサーがある番組を作りたいとBBCのコントローラーにピッチをし，企画が認められつつも『BBC本体として制作費の半分しか出さない』となった場合，プロデューサーは残りの制作費を他所から集めなければならない。そこでBBC Studioの役割が生じる。BBC Studioはプロデューサーからの企画ピッチを受け，その企画の世界的な価値を調査する。全世界の営業に展開し，それぞれの国での価値，番販金額の調査推計を行う。それをまとめてBBC Studioとしての投資金額を見積もる。そしてBBC Studioによる投資が決定すれば，プロデューサーとBBC Studioは共に企画を販売営業する。そのときにバイヤー側からの様々な要望（内容への要望，演出・脚色への要望，編集の要望）があったときに，プロデューサーはそれを実際に

聞き，番組のなかに取り込むことを検討し，成約に導く」形でファンド・レイジングしている。わが国の放送番組のように編成局からの製作費一本頼りではなく，極めて映画に近いやり方になっている。

32) Amazon Prime Video secures global organised crime drama McMafia
https://www.bbc.co.uk/mediacentre/worldwide/2017/amazon-prime-secures-mcmafia
33) Netflix Boards BBC Drama 'Troy' From 'Night Manager' Writer, https://www.
hollywoodreporter.com/news/netflix-boards-bbc-drama-troy-night-manager-writer-981895
Netflix Invests Nearly $2 Billion in European Productions, Promises More
https://variety.com/2017/biz/global/reed-hastings-netflix-berlin-100-million-
subscribers-1201999745/
34) Amazon Greenlights Neil Gaiman's 'Good Omens' As Limited Series https://deadline.
com/2017/01/amazon-greenlights-neil-gaiman-good-omens-limited-series-1201889590/
35) Netflix, Spanish Pubcaster RTVE Pact on TV Series 'The Department of Time'https://variety.
com/2016/tv/global/netflix-rtve-the-department-of-time-1201950253/
36) Netflix, Spanish Pubcaster RTVE Pact on TV Series 'The Department of Time'https://variety.
com/2016/tv/global/netflix-rtve-the-department-of-time-1201950253/

■ 引用・参考文献

【日本語文献】

内山隆［2007］「ジャパン・コンテンツの海外発信—映像と情報の国際ビジネス流通構造」『情報通信学会誌』第25巻1号，pp.23-34.

内山隆［2012a］「わが国の放送番組海外販売と世界の番販統計に関する現状」『情報通信政策レビュー』第5号.

内山隆［2012b］「我が国コンテンツ産業の海外展開」総合調査『技術と文化による日本の再生』pp119-137.

内山隆［2018］「メディアの主役が変わるとき：1950年代〜90年代，映画産業と放送産業」日本民間放送連盟・研究所編『ネット配信の進展と放送メディア』学文社，pp.27-55.

太下義之［2009］「英国の「クリエイティブ産業」政策に関する研究」『季刊政策・経営研究』Vol.3, pp.119-158.

大場吾郎［2017］『テレビ番組海外展開60年史』，人文書院.

海外番組販売検討委員会編［2012］『テレビ番組の海外販売ガイドブック—現状，ノウハウ，新しい展開』映像産業振興機構.

経済産業省［2013］「サービス貿易」，『2012年版不公正貿易報告書』pp.379-403.

経済産業省メディア・コンテンツ課，「コンテンツ産業の現状と課題」，「コンテンツ産業の現状と今後の発展の方向性」，各年.

沈成恩［2007］「映像メディアの国際化　日米英の政策比較を中心にして」『NHK放送文化研究所年報2007』，pp.105-154.

菅谷実・宿南達志郎編［2007］『トランスナショナル時代のデジタル・コンテンツ』慶應義塾

　大学出版会.

菅谷実・中村清編著［2002］『映像コンテンツ産業論』丸善.

菅谷実・中村清・内山隆編著［2002］『映像コンテンツ産業とフィルム政策』丸善.

杉山真喜人［2012］「『SASUKE』世界規模で人気沸騰中！　最新米版は５千万人超視聴，シンガポール版も大成功！」，『あやぶろ』2012年９月７日　http://ayablog.com/?p=354

総務省情報通信政策研究所『メディア・ソフトの制作及び流通の実態に関する調査研究』（本タイトルは最新版による）各年版.

TBSテレビ［2012］「"Wipeout"訴訟で米ABC，Endemol USA社と和解決着」2012年１月25日　http://www.tbs.co.jp/company/news/pdf/201201251400.pdf

テレビ朝日［2015］「テレビ朝日の新アジア戦略！！　タイ・インドでのメディア大手企業と提携　バンコクにビジネスビューロー開設」2015年３月31日.
　http://company.tv-asahi.co.jp/contents/press/0309/data/150331-asia.pdf

内閣府知的財産戦略推進本部，『知的財産推進計画』各年.

日本放送協会［2003］「映画界と対立：活路を外国映画に」，『NHKは何を伝えてきたか　－NHKテレビ番組の50年』，2003年２月１日.
　http://www.nhk.or.jp/archives/nhk50years/history/p09/

放送番組国際交流センター（JAMCO）［2004］「第13回JAMCOウェブサイト国際シンポジウム-日本のテレビ番組の輸出入状況〜2001-2年 ICFP調査から〜」，放送番組国際交流センター，2004年２-３月.

松本裕美・田中則広［2017］「日本の番組コンテンツの国際展開および受容実態に関する調査」，『放送研究と調査』2017年１月号，pp.64-82.

山口広文［2008］「コンテンツ産業振興の政策動向と課題」『レファレンス』688号.

【英語文献】

BFI "Channel 4 Films/Film on Four/FilmFour," and "Channel 4 and Film" in BFI Screen Online. http://www.screenonline.org.uk/film/id/840487/
　http://www.screenonline.org.uk/film/id/1304135/

Caves, Richard E. ［2000］ *Creative Industries: Contracts between Art and Commerce*, Cambridge: Harvard Univ. Press.

Cooke, L. (1999), "British Cinema" in Nelmes, J. eds. ［1999］ *An Introduction to Film Studies*, Routledge.

Dale, M., ［1997］ *The Movie Game*, Cassel.

Finney, A., ［1996］ *The State of European Cinema*, Cassel.

Hoskins, C. et al. ［1997］ *Global Television and Film -An Introduction to the Economics of the Business*, New York: Oxford Univ. Press.

Johnston, C.B., ［1992］ *International Television Co-production*, Focal Press.

MPAA/MPA ［2016］ The Economic Contribution of the Motion Picture & Television Industry to the United States. Dec.2013, Feb.2015, Feb.2016.

Noam, E. ［1991］ *Television in Europe*, New York: Oxford Univ. Press.

Noam, E. & J. C. Millonzi eds. ［1993］ *The International Market in Film and Television Programs*, Norwood: Ablex.

Nowell-Smith, G. & S.Ricci, [1998] *Hollywood and Europe*, British Film Institute.

Puttnam.D. & N. Watson, [1997] *The Undeclared War: The Struggle for Control of the World's Film Industry*, HarperColinsPublishers.

Steemers, J. [2004] *Selling Television: British Television in the Global Market Place*, London: British Film Institute.

Steemers, J. [2014] Selling Television: Addressing Transformations in the International Distribution of Television Content. *Media Industries Journal*, 1.1.

Steemers, J. [2016] International Sales of U.K. Television Content: Change and Continuity in 'the space in between' Production and Consumption, *Television & New Media*, 17 (8), pp.734–753.

Stubbs, J. [2009] The Eady Levy: A Runaway Bribe? Hollywood Production and British Subsidy in the Early 1960s. *Journal of British Cinema and Television*, 6 (1), pp.1-20.

(内山　隆)

第4章 諸外国における日本の放送コンテンツ受容の現状

～アジア地域を中心に～

1 日本のコンテンツへの関心および情報入手経路

1-1 日本のコンテンツへの関心

　アジア地域を中心とした諸外国における日本の放送コンテンツ受容の現状をみるにあたり，外務省が調査対象地域を随時変更して毎年実施する「海外における対日世論調査」[1]において，ASEAN10か国を対象とした2019年に実施された調査から「アニメ」「漫画」「ドラマ」の3ジャンルを取り上げ，ASEAN諸国において，放送コンテンツを含む日本のコンテンツ全般への興味・関心があるのかを確認する。

　ASEAN10か国におけるアニメへの関心の平均値は31％と，調査対象者の約3人に1人が日本のアニメに関心がある。

　国別にみると，ASEAN10か

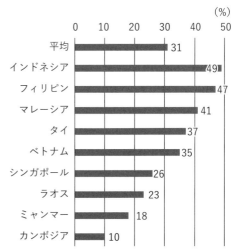

図表4-1 ▶ 関心のある項目（アニメ）

	(%)
平均	31
インドネシア	49
フィリピン	47
マレーシア	41
タイ	37
ベトナム	35
シンガポール	26
ラオス	23
ミャンマー	18
カンボジア	10

※各国とも調査対象数は300サンプル。複数回答
出所：外務省［2019］をもとに作成

国の中で，アニメへの関心が最
も高いのはインドネシア（49％），
次いでフィリピン（47％），マ
レーシア（41％），タイ（37％），
ベトナム（35％）と続いている。
一方でミャンマーとカンボジア
の数値は低い。

　日本の映画やテレビドラマへ
の関心度をみると，ASEAN10
か国の平均値は29％であった。

　日本の映画やテレビドラマへ
の関心度を国別にみると，最も
関心が高いのはラオス（41％），
次いでマレーシア（34％），イ
ンドネシア（33％），ミャンマー
（32％）と続いている。各民放
局や番組供給会社等による映画
やテレビドラマ輸出の急速な進
展や，政府による各国への文化
支援策等の影響も含め，
ASEAN各国で日本の映画やテ
レビドラマへの関心も高まって
いると推察される。

　近年アニメや劇映画の原作，
テレビドラマとして活用される
ことも多い漫画に関する関心度
をASEAN10か国でみると，平
均値は25％と，調査対象者の4

図表4-2 ▶ 関心のある項目（映画，ドラマ）

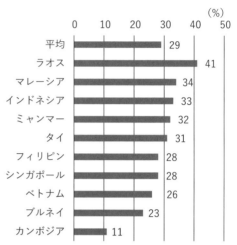

※各国とも調査対象数は300サンプル。複数回答
出所：外務省［2019］をもとに作成

図表4-3 ▶ 関心のある項目（漫画）

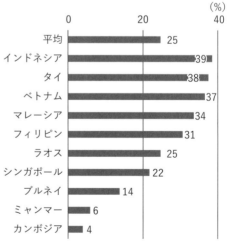

※各国とも調査対象数は300サンプル。複数回答
出所：外務省［2019］をもとに作成

人に1人が日本の漫画に関心があると回答した。

　国別にみると，最も日本の漫画の関心が高いのはインドネシア（39％），次いでタイ（38％），ベトナム（37％）と続いている。

　日本では一般化した漫画やアニメ，ドラマ等を組み合わせたクロスメディアビジネスが成立する可能性を示唆する結果とみることもできる。

1-2　日本に関する情報の入手先

　ASEAN10か国を対象に，日本に関する情報をどこから入手しているのかを媒体別およびサービス別にみたものが図表4-4である。

　日本に関する情報入手先として回答が多かった媒体，サービスをASEAN10か国の平均値でみると，「FacebookやTwitterなどのSNS」が最も多く（57％），次いで「ウェブサイト」（45％），「テレビ」（44％），「YouTubeなどの動画配信サイト」（42％）と続いている。動画配信サイトに続く「新聞」が23％で，数値に差があることを鑑みると，SNSとウェブサイト，動画配信サイトなどのインターネット関連とテレビが日本関連の情報入手先としてよく用いられてい

図表4-4 ▶ 日本の情報の入手先（2019年）

	テレビ	雑誌，書籍	新聞	ラジオ	ウェブサイト	ブログ	メールマガジン	FacebookやTwitterなどのSNS	YouTubeなどの動画配信サイト
全体	44%	19%	23%	10%	45%	16%	14%	57%	42%
ブルネイ	70%	16%	39%	24%	58%	21%	6%	53%	48%
カンボジア	24%	0%	2%	8%	11%	1%	3%	82%	27%
インドネシア	52%	26%	23%	6%	59%	26%	30%	48%	58%
ラオス	37%	3%	6%	5%	8%	1%	1%	43%	27%
マレーシア	42%	28%	31%	7%	60%	20%	19%	63%	48%
ミャンマー	41%	6%	21%	3%	24%	9%	1%	83%	33%
フィリピン	54%	38%	29%	12%	57%	30%	24%	60%	50%
シンガポール	38%	22%	35%	13%	50%	17%	17%	38%	31%
タイ	31%	19%	11%	6%	72%	23%	11%	51%	55%
ベトナム	53%	36%	35%	18%	50%	15%	25%	52%	46%

※各国調査結果のうち，最も数値が高いものを■，2番目に数値が高いものを■，3番目に数値が高いものを　で示している。
出所：外務省［2019］をもとに作成

る媒体，サービスである。

　国別の特徴をみると，SNSの回答が最も多かったのは5か国（ミャンマー（83％），カンボジア（82％），マレーシア（63％），フィリピン（60％），ラオス（43％））である。ウェブサイトの回答が最も多かったのはタイ（72％），インドネシア（59％），シンガポール（50％）の3か国である。

　テレビの回答が最も多かったのは，ブルネイ（70％）とベトナム（53％）の2か国である。日本の情報入手先の媒体，サービスとして上位3番目までにテレビが挙げられていないのはタイとマレーシアのみであり，テレビも情報入手先として重要な役割を果たしていることがわかる。

1-3　日本関連の情報で「より知りたいと思うこと」

　ASEAN10か国において日本関連の情報で「より知りたいと思うこと」（情報ニーズ）を複数回答で聞いた回答が図表4-5である。

　ASEAN10か国の平均値をみると，「観光情報」と「科学・技術」がともに60％と最も高く，「文化（伝統文化，ポップカルチャー，和食などを含む）」が57％，「経済」（50％）と続いている。経済に続く「歴史」は35％であり，上位4ジャンルがASEAN10か国全体では特に情報ニーズの高いジャンルであるといえるだろう。

　国別に情報ニーズの高いジャンルをみると，観光情報の情報ニーズが最も高いのはラオス（72％），マレーシア（71％），タイ（70％），ブルネイ（70％）の4か国である。ベトナム（67％）とシンガポール（60％）も情報ニーズが高い2番目のジャンルであり，全体的に関心の高いジャンルである。

　文化（伝統文化，ポップカルチャー，和食などを含む）の情報ニーズが最も高い国はラオス（71％），フィリピン（同），マレーシア（70％），ベトナム（同）の4か国である。

図表4-5 ▶ 日本に関してより知りたいと思うこと（2019年）

	政治・外交安全保障	経済	企業	経済協力（ODA）	歴史	科学・技術	文化（伝統文化，ポップカルチャー，和食などを含む）	観光情報
全体	24%	50%	32%	31%	35%	60%	57%	60%
ブルネイ	16%	51%	19%	16%	62%	66%	48%	70%
カンボジア	27%	61%	12%	16%	23%	54%	18%	39%
インドネシア	16%	39%	40%	34%	34%	63%	63%	55%
ラオス	48%	68%	47%	68%	46%	68%	71%	72%
マレーシア	19%	40%	35%	23%	30%	62%	70%	71%
ミャンマー	22%	78%	40%	28%	11%	60%	32%	38%
フィリピン	30%	48%	44%	33%	46%	74%	71%	56%
シンガポール	16%	25%	22%	15%	28%	39%	65%	60%
タイ	24%	44%	33%	33%	38%	52%	62%	70%
ベトナム	23%	42%	32%	40%	30%	64%	70%	67%

※各国調査結果のうち，最も数値が高いものを■，2番目に数値が高いものを■，3番目に数値が高いものを■で示している。
注：各国の調査対象者は300サンプル
出所：外務省［2019］をもとに作成

1-4　サブカルチャーに対する関心（タイ）

　（公財）新聞通信調査会「第6回対日メディア世論調査」（2019年度）[2]によると，タイにおいて日本のサブカルチャー（アニメ，漫画，ゲーム，コスプレ，フィギュア（人形），アイドル）に関心がある（「とても関心がある」と「やや関心がある」の合計）と回答した人の割合は46.8％であった。男女別では男性より女性の方が若干高く，年代別にみると，年齢が若いほど関心が高い。

　具体的に関心があるサブカルチャーをジャンル別にみると，すべての年代で関心が最も高いのはアニメで，10歳代と60歳代では漫画，30歳代から50歳代ではフィギュアへの関心が漫画に次いで高い。

　男女別でみると，男性はゲームや漫画への関心が高く，女性はフィギュアやアイドルへの関心が高い。

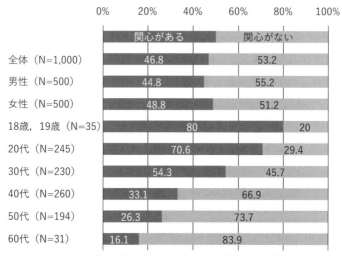

図表4−6 ▶ 日本のサブカルチャーへの関心（タイ／2019年度／性・年代別）

	関心がある	関心がない
全体（N=1,000）	46.8	53.2
男性（N=500）	44.8	55.2
女性（N=500）	48.8	51.2
18歳，19歳（N=35）	80	20
20代（N=245）	70.6	29.4
30代（N=230）	54.3	45.7
40代（N=260）	33.1	66.9
50代（N=194）	26.3	73.7
60代（N=31）	16.1	83.9

注1：あなたは日本のアニメ，漫画，ゲーム，コスプレ，フィギュア（人形），アイドルなどの文化に
　　　関心がありますか。」との質問への回答。
注2：関心がある＝「とても関心がある」＋「やや関心がある」の合計値
　　　関心がない＝「あまり関心がない」＋「全く関心がない」の合計値
出所：（公財）新聞通信調査会［2019］をもとに作成

図表4−7 ▶ 関心があるサブカルチャー（タイ／2019年度／性・年代別）

	アニメ	漫画	ゲーム	コスプレ	フィギュア	アイドル
全体（N=1,000）	58.1%	29.3%	31.2%	21.8%	32.7%	24.6%
男性（N=500）	60.7%	33.5%	43.3%	21.9%	26.3%	18.8%
女性（N=500）	55.7%	25.4%	20.1%	21.7%	38.5%	29.9%
18歳，19歳（N=35）	71.4%	50.0%	35.7%	17.9%	25.0%	28.6%
20代（N=245）	59.0%	30.1%	44.5%	24.9%	29.5%	33.5%
30代（N=230）	59.2%	28.8%	25.6%	24.8%	33.6%	20.8%
40代（N=260）	55.8%	25.6%	22.1%	14.0%	37.2%	19.8%
50代（N=194）	49.0%	21.6%	15.7%	19.6%	39.2%	11.8%
60代（N=31）	60.0%	40.0%	−	20.0%	20.0%	−

※最も数値が高いものを■，2番目に数値が高いものを■，3番目に数値が高いものを■で示している。
出所：（公財）新聞通信調査会［2019］をもとに作成

2　日本の放送コンテンツの受容実態

2-1　日本の放送コンテンツの視聴経験率[3]

　次に日本の放送コンテンツの受容実態について，2015年12月にタイ，インドネシア，フィリピンの3か国を対象としたNHK放送文化研究所の調査結果[4]をもとに現状および傾向等を確認する。

　まず，2015年12月の調査時点において視聴されている日本の放送コンテンツの番組ジャンルを各国別にみると，タイでは「アニメ」（構成比46.5％）が最も多く，次いで「バラエティ」（同36.5％），「映画」「ドラマ」（同率。同36.0％）と続く。インドネシアでは「映画」（同50.0％）が最も多く，次いで「ドラマ」（同35.5％），「アニメ」（同32.5％）と続く。フィリピンでは「アニメ」（同68.0％），「映画」（同39.0％），「情報番組」（同32.5％）の順である。

　番組ジャンル別では，「アニメ」はタイとフィリピンでトップ，インドネシアでは3番目に回答が多くなっており，調査対象の3か国において非常に人気の高い番組ジャンルである。同様に「映画」はインドネシアで最も回答が多く，フィリピンでは2番目，タイ（同36.0％）では3番目に回答が多い。「ドラマ」も，インドネシアで2番目，タイでは映画と並び3番目に回答が多い番組ジャンルであり，映画やドラマもアニメと同様，人気の高い日本の放送コンテンツの番組ジャンルであることがわかる。

　日本の放送番組の内容に関する評価は，「（日本の番組を）見るとリラックスできる」[5]，「日本のテレビ番組は常に日本の文化を取り上げ，日本の多様なグルメにまで至る」[6]，「ストーリーが独創的で，素晴らしい」[7] 等がみられる。

　各国において特徴的な日本の放送コンテンツの番組ジャンルをみると，タイでは「バラエティ」が2番目に回答が多く，フィリピンでは「情報番組」が3番目に回答が多い番組ジャンルである。調査時点において各国で放送されていた日本の放送番組の人気等の影響を受けている可能性もあるが，アニメや映画，

図表4-8 ▶現在視聴している番組ジャンル（2015年12月）

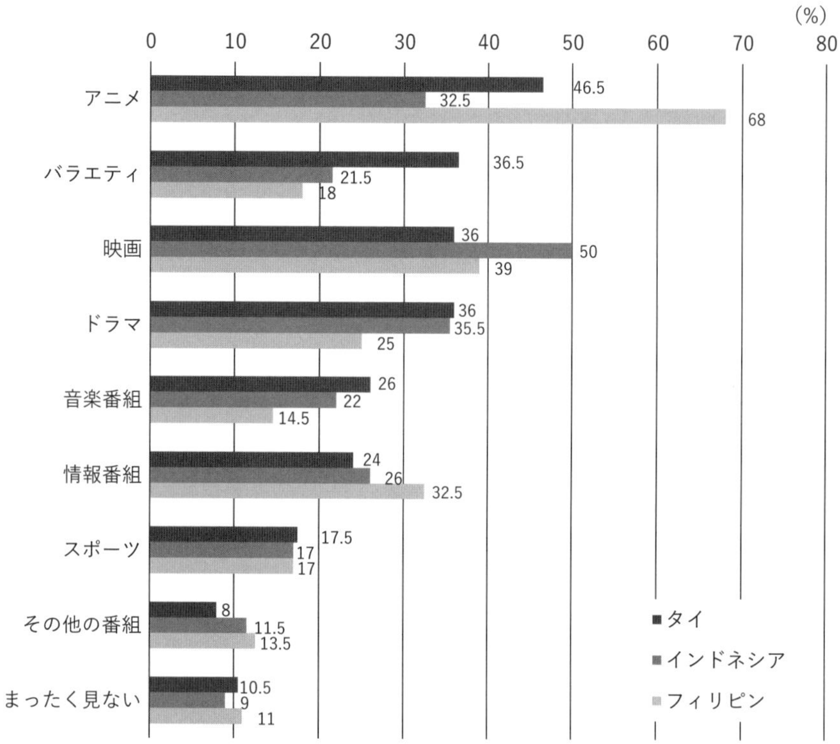

※各国とも調査対象数は200サンプル。複数回答
出所：松本，田中［2017］をもとに作成

ドラマに次ぐ番組ジャンルとして今後の成り行きを注目したい。

　なお，同調査において日本の放送番組を「まったく見ない」との回答は10％
前後にとどまっている。調査対象の3か国において，日本の放送コンテンツが
視聴経験を通じて一定程度受け入れられていることを示すデータであろう。

2-2　今後の日本の放送コンテンツの視聴意向[8]

　今後視聴したい日本の放送コンテンツの番組ジャンルを各国別にみると，タ

図表4-9 ▶ 今後視聴したい番組ジャンル（2015年12月）

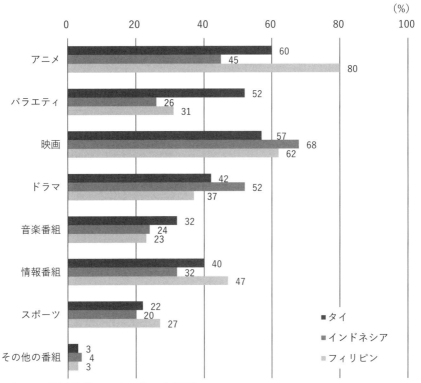

※各国とも調査対象数は200サンプル。複数回答
出所：松本，田中［2017］をもとに作成

イでは「アニメ」（同60％）が最も多く，次いで「映画」（同57.0％），「バラエティ」（同52.0％）と，この3ジャンルの視聴意向はいずれも50％を超えている。また，「情報番組」の視聴意向が40％と，調査時点での視聴経験率（24％）の2倍程度となっている点を鑑みると，タイにおける日本の情報番組のニーズの高まりをみることができるだろう。

　インドネシアでは「映画」（同68％）が最も高く，次いで「ドラマ」（同52％），「アニメ」（同45％）と続く。ドラマとアニメは調査時点での視聴経験率を大きく上回る番組ジャンルである。

フィリピンでは「アニメ」（同80％）が最も多く，次いで「映画」（同62％），「情報番組」（同47％）と続く。調査時点において，同国における上位の番組ジャンルと比較して視聴経験率がやや低い「ドラマ」（視聴経験率25％／視聴意向37％），「バラエティ」（同18％／31％），「スポーツ」（同17％／27％）なども視聴意向が10％以上上回っており，今後の視聴ニーズの高まりを望む傾向とみることもできるだろう。

　なお，同調査の結果では，「その他の番組」を除くすべての番組ジャンルにおいて視聴意向が視聴経験率を上回っている。調査対象3か国では，日本の放送コンテンツに対する潜在需要は現状よりも高いことが推察される。

3　訪日旅行前に情報源となった媒体・サービス

3-1　全体の傾向

　2019年の観光庁「訪日外国人消費動向調査」[9]によると，全国籍・地域[10]の訪日外国人旅行客が，訪日旅行前に日本に関する情報を入手する際に役に立った媒体およびサービスは，「SNS（Facebook／Twitter／微信等）」が最も多く24.6％，次いで「個人のブログ」（24.4％），「自国の親族・知人」（19.6％），「口コミサイト（トリップアドバイザー等）」（15.5％），「動画サイト（YouTube／土豆網等）」（14.9％）と続いている。

　旅行会社や旅行ガイドブック，日本政府観光局のウェブサイトなどの観光情報を提供するウェブサービスも一定程度活用されているものの，FacebookやTwitter，微信等のSNSや個人ブログ，トリップアドバイザー等の口コミサイトが積極的に活用されている。旅行先を選定にあたり，自らの旅行経験や価値観といった内発的な動機に加え，旅行先イメージの構築および評価のために，自国ないしは日本在住の親族や知人といったリアルな人間関係から得られた情報，SNSや個人ブログ，トリップアドバイザー等の口コミサイトからの情報も同様に活用していることがわかる。

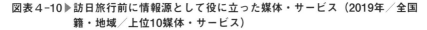

図表4-10 ▶ 訪日旅行前に情報源として役に立った媒体・サービス（2019年／全国籍・地域／上位10媒体・サービス）

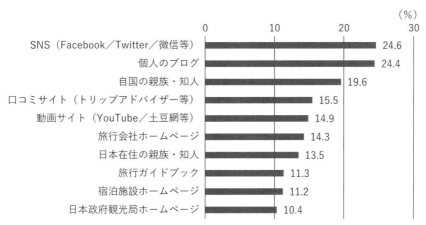

※複数回答
出所：観光庁［2019］をもとに作成

　インターネット関連（動画サイト，SNS，個人ブログ）の過去5年間の推移をみると（図表4-11参照），2015年は個人ブログがSNSや動画サイトを大きく引き離して訪日旅行前に有用性が高い情報源として活用されていたが，その後は個人ブログが3割程度の横ばいで推移したのに対し，FacebookやTwitter，微信などのSNSが徐々に追い上げ，2019年ではSNSが最も有用性が高い媒体，サービスとなった。YouTubeなどの動画サイトも2015年は5％弱であったものが急速に活用が進んだことで，過去5年間で約3倍に伸びている。

　テレビ番組と動画サイトとの過去5年間での推移を比較してみると（図表4-12参照），2015年時点ではテレビ番組（8.7％）が動画サイト（4.7％）を大幅に上回っていたものの，徐々にその差が縮み，2018年には動画サイト（11.3％）がテレビ番組（7.7％）を逆転した。2019年になると，動画サイト（14.9％）がテレビ番組（7.4％）の2倍程度までその差を広げており，動画コンテンツ間の比較において訪日前の情報源としての動画サイトの比重が高まりつつある。

　動画サイト利用の高まりの背景には，ブロードバンド環境の世界的な普及に

図表 4-11 ▶ 訪日旅行前に情報源として役に立った媒体・サービス（2015年〜19年／全国籍・地域／インターネット関連を抜粋）

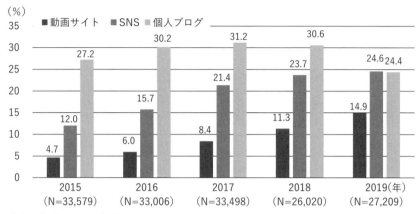

※複数回答／Nはのべ回答数
出所：観光庁「訪日外国人消費動向調査」各年版をもとに作成

図表 4-12 ▶ 訪日旅行前に情報源として役に立った媒体・サービス（2015年〜19年／全国籍・地域／テレビと動画サイトとの比較）

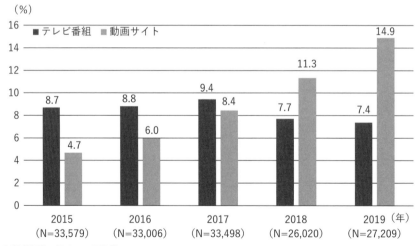

※複数回答／Nはのべ回答数
出所：観光庁「訪日外国人消費動向調査」各年版をもとに作成

よって，インターネット利用の中心がテキストベースのホームページやブログといったメディアから，FacebookやTwitter，InstagramなどのSNSと連動した動画共有・配信サービスへ移行しつつあることが挙げられる。また，一部の国・地域においてはインターネットを活用したテレビ放送の同時送信や見逃し視聴サービスが提供されており，若年層を中心に，「テレビ番組をインターネット経由で視聴する」という視聴習慣が一般化しつつある。

　こうした世界各国での動画視聴環境の変化をふまえ，政府や自治体，各種観光協会，各地の観光関連施設や民間事業者等による積極的な動画コンテンツを活用したプロモーション展開や，動画サイトを通じた日本のコンテンツ事業者による様々な施策の効果も寄与しているだろう。

3-2　国・地域別の傾向

　訪日旅行前に情報源として役に立った媒体・サービスについて，テレビ番組と動画サイトを抽出し，横軸に動画サイトを，縦軸にテレビ番組を採り，アジア主要国・地域別にその関係をみたものが図表4-13（2019年調査，いずれも複数回答）である。

　国・地域別に訪日旅行前に役立った情報源をテレビ番組と動画サイトとの関係でみると，大きく3つのグループに区分することが可能である。

　一つ目のグループは，訪日旅行前に役立った情報源としてテレビ番組を挙げた割合が比較的高いグループで，ベトナム，台湾，香港といった国・地域が含まれる。この3か国・地域においてテレビ番組の回答は14％台であり，平均値（7.4％）の2倍程度である。

　二つ目のグループは，テレビ番組と比べて動画サイトの割合が比較的高い国・地域のグループである。具体的には，インドネシアやフィリピン，マレーシア，タイ，シンガポールといった東南アジア諸国が多く含まれる。この5か国におけるテレビ番組の回答は7％台とほぼ平均値と近似しているが，動画サイトの回答は20％〜30％と平均値の約1.5〜2倍程度を示している。こうした

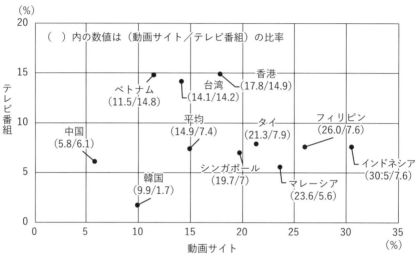

**図表4-13 ▶ 訪日旅行前に情報源として役に立った媒体・サービス
（2019年／国・地域別／テレビと動画サイトとの比較）**

（%）

（　）内の数値は（動画サイト／テレビ番組）の比率

テレビ番組

ベトナム
（11.5/14.8）

台湾
（14.1/14.2）

香港
（17.8/14.9）

平均
（14.9/7.4）

タイ
（21.3/7.9）

フィリピン
（26.0/7.6）

中国
（5.8/6.1）

韓国
（9.9/1.7）

シンガポール
（19.7/7）

マレーシア
（23.6/5.6）

インドネシア
（30:5/7.6）

動画サイト
（%）

※複数回答
出所：観光庁［2019］をもとに作成

傾向をみると，テレビ番組が役に立ったとの回答は平均的でありつつ，動画サイトからの情報も重層的に活用している国・地域であるとの特徴をみることができる。

　三つ目のグループは，テレビ番組および動画サイトともに平均値より低いグループで，中国と韓国が含まれる。なお，韓国において訪日旅行前に役立った情報源の上位は個人のブログ（43.7％）とSNS（30.9％），中国はSNS（28.4％）と自国の親族・知人（20.6％）である。

　台湾におけるテレビ番組と動画サイトを含むインターネット関連サービス（SNSと個人のブログを抽出）との関係をみると，2015年からの4年間で，テレビ番組は17％から14.2％までやや減少傾向にあるのに対し，動画サイトは3.7％から年々その割合が増加し，テレビ番組とほぼ並ぶ水準まで増加してきたことがわかる。

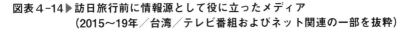

図表4-14▶訪日旅行前に情報源として役に立ったメディア
　　　　　（2015～19年／台湾／テレビ番組およびネット関連の一部を抜粋）

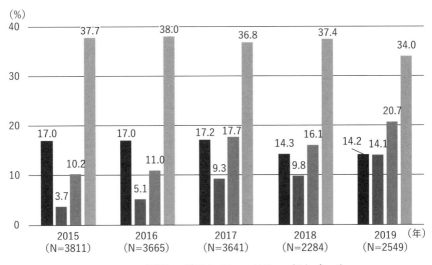

※複数回答／Nはのべ回答数
出所：観光庁「訪日外国人消費動向調査」各年版をもとに作成

　台湾において，訪日旅行前の情報源として役に立ったメディアの割合が最も
高いのは個人のブログ（2019年は34.0％）だが，その割合はほぼ横ばいから減
少しつつあり，代わってSNS（同20.7％）の割合が徐々に増加しつつある。な
お，情報源として役に立ったと回答したメディアの数は，回答者1人あたりの
平均で約2.6（2019年調査）である。

　ベトナムにおけるテレビ番組と動画サイトとの関係をみると，2019年に入り
テレビ番組が訪日前旅行の情報源として役に立ったとの回答が大幅に増加した。
日本の放送事業者によるベトナムへの積極的な放送コンテンツ輸出の成果であ
ることに加え，放送コンテンツを活用した政府や各自治体による放送コンテン
ツの共同制作やコンテンツ支援策など，さまざまな施策の効果が反映されたと
みることもできるだろう。

　また，ベトナムにおいては訪日旅行前の情報源としてSNSを活用するとの回

答も大幅に増加していることから，今後，SNSと放送コンテンツとの連携がより効果的となるであろう。

図表4-15▶訪日旅行前に情報源として役に立ったメディア
（2015〜19年／ベトナム／テレビ番組およびネット関連の一部を抜粋）

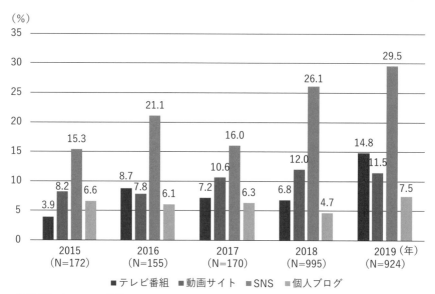

※複数回答／Nはのべ回答数
出所：観光庁「訪日外国人消費動向調査」各年版をもとに作成

4 with/afterコロナ時代を見据えた海外展開の重要性

2020年から世界規模で流行したコロナ禍に伴う経済的な打撃は，日本のインバウンド産業を直撃し，日本経済全体への影響も大きいと予測されている。丸山［2020］[11] によると，インバウンド需要が失われた状態が半年間継続すると日本の名目GDPは約3兆円失われ[12]，雇用面では55.7万人の失業者が発生し，完全失業率は0.8％上昇すると予測している。

　その一方で，世界的なコロナ禍下にあった2020年4月から6月にかけて実施したトリップアドバイザー社の調査[13] によると，「64％の外国人旅行者はこの事態の中でも次に行きたい旅行のことを考えている」とwith/afterコロナにおけるインバウンド需要の回復を示唆する回答も示されている。同時に「70％の外国人旅行者は次の旅行を計画する際にこれまで以上に念入りに調べる」と回答しており，今後の旅行先の決定では「新型コロナウイルス感染者数の減少」「公衆衛生」「マスク着用率」を重視する傾向が示されている。

　世界規模でコロナ禍が克服されるまでにはまだ時間がかかるともいわれているが，with/afterコロナ時代を見据えると，日本の放送コンテンツおよび放送コンテンツと連携したSNSや動画サイト等で重層的に日本のイメージや現状を映像の力で諸外国・地域の人々に伝えることが非常に重要であるといえるだろう。

■注

1）ASEAN10か国（ブルネイ，カンボジア，インドネシア，ラオス，マレーシア，ミャンマー，フィリピン，シンガポール，タイ，ベトナム）の18歳～59歳の男女300人を対象としたインターネット調査で，2019年10月に実施。

2）タイ（調査対象地域はバンコク，チェンマイ，ウドーンターニー，ソンクラー）の18歳から80歳までの男女1,000人を対象とした訪問面接調査で，2019年11月～12月に実施。なお，年代別では70歳代（70歳から80歳）の回答は除外している。

3）2015年12月の調査時点において「現在視聴している日本のテレビ番組」への回答（複数回答）を「視聴経験率」とした。

4）松本，田中［2017］調査手法は3か国ともウェブ調査（実査はクロス・マーケティングが担当）を活用し，回収サンプル数は各国の人口構成比等を考慮して割り付けた200サンプル（3か国共通）である。なお3か国とも，日本の放送コンテンツのうち，アニメのみを視聴するサンプルは除外されている。

5）タイでの調査に対する回答（女性，20歳）。同上，p.77

6）インドネシアでの調査に対する回答（男性，17歳）。同上，p.78

7）フィリピンでの調査に対する回答（女性，44歳）。同上，p.81

8）2015年12月の調査時点において「今後視聴したい日本のテレビ番組」への回答（複数回答）を「視聴意向」とした。

9）トランジット，乗員，1年以上の滞在者等を除く日本を出国する訪日外国人旅行者を対象に，訪日外国人旅行者の消費実態等を把握する目的で実施されている調査。

10）韓国，台湾，香港，中国，タイ，シンガポール，マレーシア，インドネシア，フィリピン，

ベトナム，インド，英国，ドイツ，フランス，イタリア，スペイン，ロシア，米国，カナ
ダ，オーストラリアの20か国と，それ以外の国・地域（統計上は「その他」に分類）で集
計。

11）丸山［2020］

12）年間の名目GDPの約0.6％の下押し効果に相当。

13）トリップアドバイザー［2020］

■ 引用・参考文献

外務省［2019］「令和元年度　海外における対日世論調査」https://www.mofa.go.jp/mofaj/
gaiko/culture/pr/yoron.html

観光庁［2019］「訪日外国人消費動向調査」https://www.mlit.go.jp/kankocho/siryou/toukei/
syouhityousa.html

（公財）新聞通信調査会［2019］「第6回諸外国における対日メディア世論調査」https://www.
chosakai.gr.jp/wp/wp-content/themes/shinbun/asset/pdf/project/notification/
kaigaiyoron2020hokoku.pdf

トリップアドバイザー［2020］「新型コロナウイルス感染症（COVID-19）に関する旅行者調査
（更新版）」.

松本裕美，田中則広［2017］「日本の番組コンテンツの国際展開および受容実態に関する調査」
『放送研究と調査』2017年1月号，pp.64-82.

丸山健太［2020］「新型コロナウイルス感染拡大によるインバウンド需要の蒸発が日本経済にも
たらすインパクト」https://www.murc.jp/wp-content/uploads/2020/04/report_200421.pdf

（浅利　光昭）

第5章 テレビ局が制作するコンテンツの海外展開とインバウンド拡大

1 はじめに

1-1 訪日外国人は10年でおよそ4倍に

　日本政府観光局（JNTO）が発表したデータによると，2018年には訪日外国人（＝インバウンド）の数は3,119万人となり，初めて3,000万人の大台を超えた。また，2010年から2019年の10年間でみると約4倍近く伸びている（国際観光振興機構［2020］）。それをふまえて，この章ではテレビ局がつくるコンテンツの海外展開が，インバウンドの拡大とどのような関係があるかを考察していこうと思う。

1-2 「訪日を誘引する強力なコンテンツ」はアニメ，マンガ，テレビ番組

　来日した人に「来日を決めるのに影響を受けたものは何であるか」を映像産業振興機構（VIPO）が聞いた調査によると，日本に関するアニメ，マンガ，テレビ番組などのいわゆる「コンテンツ」が理由である人は，2012年の222万人から2017年には631万人と5年間でおよそ3倍に増えていることがわかった（図表5-1参照）。さらに，来日した人とこれから来日したいと思っている人への調査では，コンテンツの中でも具体的なジャンルとして，アニメ，マンガに続いて，テレビ・配信番組が3位になっている（図表5-2参照）。つまり，

図表 5-1 ▶ コンテンツ起因訪日客数（2012-2017年）

年	2012	2013	2014	2015	2016	2017
コンテンツ起因訪日客数(万人)	222	303	277	393	505	631

※観光庁「訪日外国人消費動向調査」「旅行・観光産業の経済効果に関する調査研究」
　株式会社日本政策投資銀行，公益財団法人日本交通公社「アジア・欧米豪 訪日外国人旅行者の意向
　調査」より推計
出所：映像産業振興機構［2019］p.14

日本のテレビ番組を見たことがきっかけで，「日本を訪れた」，あるいは「これから訪れたい」と考えている人が相当数いるといえる。

1-3　放送コンテンツの海外での売上は500億円強に

　総務省が2020年6月に出した「放送コンテンツの海外展開に関する現状分析」によると，2018年度の総輸出額は519.4億円に上った（図表5-3参照）。前項のデータと合わせて考えると，日本の放送コンテンツがより多く，より広い地域で展開されてきたため，それを見て実際に日本に来た，あるいは日本を訪れたいと憧れを抱いた人の増加につながっているということが読み解けるのではなかろうか。

　今度は図表5-3を，主体（＝海外展開している組織の種類）のカテゴリー別に見てみる。2018年度には，キー局とNHKが合わせて227.9億円，一方，在

図表5-2 ▶ 日本を訪れた／訪れたいと思ったきっかけ[1]

Q　あなたが日本を訪れた／訪れたいと思ったきっかけを以下よりお選びください。
（2018年調査）

日本のアニメ	日本のマンガ	日本のテレビ・配信番組	日本の映画	日本のゲーム	日本のキャラクタ	日本の音楽	日本のタレント・芸能人・スポーツ選手	旅行サイト	旅行ガイドブック、	日本製品に触れて	家族や知人の口コミ	旅行会社（パンフレットなど）	日本の内容が書かれたインターネットサイト	ソーシャルメディア	日本の内容が書かれた新聞・雑誌	その他	コンテンツ理由（計） いずれかのコンテンツ関連項目に回答した人の割合
33.3	27.7	25.3	25.2	20.5	18.5	17.1	13.4	40.2	32.4	32.2	30.2	29.4	27.7	15.2	9.9		61.7

※コンテンツ関連項目

対象：訪日経験者，訪日意向者

出所：映像産業振興機構［2019］p.18

図表5-3 ▶ 2018年度　放送コンテンツ海外輸出額の推移（主体別）

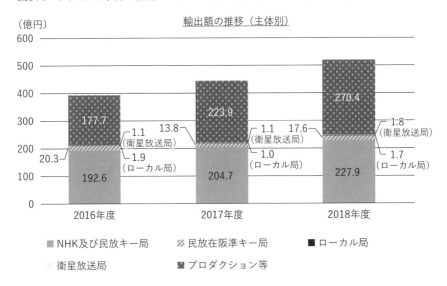

輸出額の推移（主体別）

■ NHK及び民放キー局　　▨ 民放在阪準キー局　　■ ローカル局
□ 衛星放送局　　▩ プロダクション等

出所：総務省［2020］p.2

阪準キー局が17.6億円，ローカル局が1.7億円と，キー局やNHKが圧倒的に多い。しかしながら，所在地域に根差した在阪準キー局やローカル局ならではの海外展開の特異性や優位性があるとも推測される。

1-4　2020年のインバウンドは5ヶ月連続で前年同月比99％減!?

　海外に展開されるコンテンツがどんどん増え，それにより来日する外国人も右肩上がりに増えているというのが2019年までの日本のコンテンツとインバウンドの関係性の大きな特徴だった。ところが，2020年に入ってからは世界的な新型コロナウイルス感染拡大のため，インバウンドは瞬く間に蒸発した。日本政府が検疫強化，査証の無効化等の対策を続けているため，2020年8月の訪日外客数は，日本政府観光局の速報値ではわずか8,700人，前年同月比99.7％減である（日本政府観光局［2020］）。このような状況下では，日本のテレビ局が制作するコンテンツがどれだけ海外に展開されても，訪日外国人の数を増やすことは現段階では不可能である。

　この章ではまず，第2節から第4節までにおいて，在阪準キー局やローカル局，すなわちキー局以外の放送局が「beforeコロナ」期において，コンテンツの海外展開をどのように推し進め，それがインバウンド拡大にどのように寄与してきたかを論じる。それらの局で行ったインタビューや資料に基づき，具体例を交えつつ考察を行う。その上で，終節では，「鎖国」解除後のインバウンド復興に対して，在阪準キー局やローカル局だからこそできること，キー局にはない特異性，優位性をまとめたい。

2　準キー局・朝日放送テレビの海外展開とインバウンド

2-1　手探りで始まった海外展開

　筆者の勤務先，朝日放送（ABC）[2]は大阪にある準キー局の1つで，海外事

業を始めたのは2000年代半ばのことである。TBSが『風雲！たけし城』のフォーマット販売などを始めた頃からはすでに20年近くが過ぎていた（毎日新聞［1992］）。

　ABCに国際ビジネスを扱う専門部署がまだなかった2004年5月，韓国のテレビ局にフォーマットを斡旋する代理店から著作権担当の部署にアプローチがあったことが海外進出のきっかけとなった。この局と『最終警告! たけしの本当は怖い家庭の医学』のフォーマット販売契約を締結したのを皮切りに，同年，担当者がTIFFCOM2004[3)]，BCWW（国際放送映像番組見本市）[4)]，台北電視節[5)]と3つの見本市に相次いで参加し，台湾のケーブル局と『大改造！劇的ビフォーアフター』や『新婚さんいらっしゃい！』の番組販売の契約を結んだ。当時は「そもそも『フォーマット』って何？」，「契約書は英語で？」，「権利処理はどうしたらいいのか？」と1つひとつが試行錯誤の日々だった（佐々木安博インタビュー［2020年7月30日］）。

2-2　ベトナム版『新婚さんいらっしゃい！』誕生秘話

　2012年，ABCはブランディング・スローガンである「朝日放送10年ビジョン」に，「関西ナンバーワン，世界へ」を盛り込んだ。社として戦略的に海外と向き合い，従来の個別のフォーマットや番組のセールスだけでなく，業務提携を行うなどして，グローバル市場を視野に入れることになった。そこで，まずは，「世界の中でも関西に親和性のあるアジア」，「アジアの中でも人口ボーナス期にあり今後の経済成長が期待でき，かつ親日的であるベトナム」にターゲットを絞った。

　当時のベトナムで有名な日本のコンテンツといえば『ドラえもん』，『美少女戦士セーラームーン』といったアニメと，NHK連続テレビ小説『おしん』だった。『おしん』は1994年に現地で放送されるやいなや，ベトナム全土で熱狂を巻き起こしたが，その後はヒット作が続かなかった（日本貿易振興機構［2009］）。

図表5-4 ▶ *Vợ Chồng Son*（ベトナム版『新婚さんいらっしゃい！』）

写真提供：マックアンドサンクベトナム（MCV Corporation）

　2012年秋，ABCの社員が現地のテレビ局や制作会社を視察してみると，ベトナム国産のコンテンツは主に，ニュース，政治討論番組，歌番組，ドラマで，いわゆる「バラエティ番組」は，無いに等しいことがわかった。古くは1960年代から『夫婦善哉』を制作し，視聴者参加型番組を得意としていたABCは，ベトナム国民の平均年齢が27歳で（日本貿易振興機構ハノイ事務所 [2012]），至るところに「新婚さん」がいることに着目し，すでに日本の素人参加番組『あいのり』，『幸せ家族計画』の現地版を手掛けていたベトナム最大手の番組制作会社マックアンドサンクベトナム（MCV Corporation 以下MCV社）に『新婚さんいらっしゃい！』のフォーマット権の購入を持ち掛けた。

　その結果，2013年8月からホーチミン市テレビ（HTV）で，MCV社が制作した*Vợ Chồng Son*（ベトナム版『新婚さんいらっしゃい！』）の放送がスタートした[6]。本家である，日本の『新婚さんいらっしゃい！』でMCの桂文枝がコケる椅子も，MCV社の美術スタッフが忠実に再現している（図表5-4）。しかし社会主義国というお国柄もあり，本家よりも「エッチ」な話は控えめだ。

これまでにベトナムにはなかった素人参加バラエティ番組と評され，現地での放送はすでに8年目に突入し，今やHTVの代表的な番組の1つに挙げられるまでになっている。

2-3　『旅サラダ』×『こんなところに日本人』をベトナム向けに！

ABCは，1970年代から，『おはよう朝日です』といった地域密着型の生活情報番組を他の民放に先駆けてスタートさせ，現在も高視聴率を誇っている。また一方で，国内外の最新の旅情報を伝える『朝だ！生です旅サラダ』や，世界の片隅で生活を送る日本人の半生を追いかける『世界の村で発見!こんなところに日本人』など，全国向けの番組制作も多く，歴史も長い。

それらのノウハウと，ベトナムのMCV社とのそれまでの共同制作の経験・知見すべてを結集し，総務省の助成を受けて[7]作ったのが2015年の『にっぽん自撮り旅』（ベトナム語タイトル*DU LỊCH KỲ THÚ*）である。ベトナムから留学，技能実習，結婚，就業など様々な目的で来日し，各地で頑張って生活している人たちの所をベトナム人タレントが訪ね，その暮らしぶりをリポートする。あわせて，リポーターが「自撮りミッション」をこなす過程で日本各地の観光名所，名物もフィーチャーする「ドキュメンタリー＆旅情報」のハイブリッドな演出にした。

また，実際に現地で『にっぽん自撮り旅』の放送に訪日ツアーの告知を入れたところ，催行会社への問い合わせも多数あり，2016年テト（ベトナムの旧正月）期間中のこの催行会社の訪日ツアー参加者が前年比2倍になるなど，インバウンドの拡大にも奏功した（井上修作インタビュー［2020年8月12日］）。

ところで，ABCにとって馴染みのスポンサーの1つであるエースコック社はベトナムに進出し，現地での即席麺のシェアがトップを誇り，知名度も高い。兵庫県にある工場では，エースコックベトナム社のノウハウを活用し，「フォー」の麺を日本市場向けに生産している（NNAアジア経済情報［2015］）。そこで，『にっぽん自撮り旅』でこの工場を取材すると，担当したベトナム人

リポーターはエースコックが日本でも「フォー」の即席麺を製造，販売していることを知り驚いていた。スポンサーとテレビ局という関係性を生かして，関西の地元企業とベトナムとのつながりを現地の視聴者に紹介することで，日本・関西を身近に感じてもらえたという1つのエピソードである。

2-4　準キー局ならではの信頼度と対象地域の拡大

2015年にスタートしたベトナム向けの番組は，マンネリを防ぐためにも日本各地の最新ローカル情報を多く盛り込むようにしてきた。そのためには全国各地の放送局とのコラボが欠かせないが，長年全国ネット番組を制作しているためにABCの知名度は全国で高く，どこの局からも「『旅サラダ』のABCですね」と言われて，協力を得やすかった（遠山雄大・白石秀太インタビュー［2020年8月6日］）。放送局だけでなく，地方自治体などにも「ABCブランド」が浸透しているため，全国各地の自治体や日本政府観光局，国土交通省などが公募するインバウンド拡大のための映像制作の案件も受託している。近年では対象地域も広がり，ベトナムだけでなく，台湾，香港，シンガポール，フィリピン，インドネシアなどのアジア諸国，遠くは欧米向けのコンテンツ制作を手掛け，さらなる知見を積んでいる。

3　地方局・大分朝日放送は海外展開で飛躍

3-1　大分で3つ目の民間放送局

大分県域局の先輩格である大分放送，テレビ大分はそれぞれ1953年[8]，1970年に開局したが，それからかなり遅れて1993年に開局したのが大分朝日放送（OAB）である。社員数で比較しても大分放送106名，テレビ大分108名に比べ，大分朝日放送は70名とスケールもやや小さい[9]。大分県内のみを放送エリアとする3局の中で，OABは後発かつ規模も小さい三番手であるため，どのよう

に老舗2局と差別化を図って特色を出すのかが大きな課題だった。

3-2　独自のブランディングとして選んだのは4Kと海外展開

2010年に福岡での知名度が最も高い局・九州朝日放送の取締役からOABの代表取締役社長に就任した上野輝幸は自社のブランディングに関して，雑誌の取材に次のように答えている。

我々の経営規模で製作費やマンパワーを考えれば，自主製作比率は10％が限界。番組で独自色を出すのが難しければ，放送局としての独自性を打ち出そうと考えた（日経ビジネス［2016］）。

地方局では放送（広告）収入の減少が止まらない。ただ，地方ほどテレビの信頼性は高く，放送収入にもまだ可能性はあると上野は考え，2015年6月，民放初の4K設備の導入を決めた（井上［2019］）。

かたや，大分県は2012年8月に「おんせん県おおいた」というキャッチフレーズを制定し，温泉を大々的に国内外にPRし始めていた。地上波放送域は大分県内に限られるため「それなら海外に情報発信を！」と発想を切り替えたのが，OABビジネス戦略部チーフプロデューサーの橋本英子である。4Kを導入したことで，自治体などからPR動画制作の発注があり，それと同時に世界には日本の大都市以外の情報がまだ少ないことに気づいた橋本は，4Kで撮影した大分県の情報を海外に発信することを思いついたという（橋本英子インタビュー［2020年7月29日］）。

3-3　おんせんをアジアへ！　～大分県と大分朝日放送の思い～

2014年3月，大分県は海外戦略に「アジアに開かれた，飛躍する大分県を目指して」というサブタイトルをつけ，アジアとの関係をより強固なものにして

いくことを決めた。その戦略のうちの1つが，アジアからのインバウンドを増やし，受け入れ態勢を強化することだった。そこでOABは，2015年7月に発表された総務省による補助金の助成を受け[10]，県がインバウンド最重要国としてリストに入れていた台湾と，大分県の知名度がまだ低いタイの2国に向けて，4Kによる「『おんせん県おおいた』アジア進出プロジェクト」を企画した。これが，まったくの手探りから始まった，OABの初の海外展開の試みである。

　実際の番組制作では，別府，湯布院，竹田，日田などをめぐり，台湾版とタイ版でそれぞれ演者や取材内容をかえて撮影している。台湾版は日本語の音声で中国語（繁体字）字幕付きで*ONSEN Paradise Oh!TA*というタイトルとし，台湾で既になじみのある「温泉」をより深掘し，リピーターも満足できる旅情報としてまとめた。一方，タイ版はタイ語の吹替えで制作し，*HOT&COOL Oh!TA*というタイトルとし，温泉だけでなく，竹細工，鮎の魚醤など大分県の伝統産業をふんだんに紹介し，相手国に応じてカスタマイズ対応した（大分朝日放送［2015］）。

　当時まだ国内の取材・放送ですら4Kは普及しておらず，OABがロケも編集も字幕などを入れる仕上げ作業も慣れない中で苦労したことには大きな意味があったといえる。さらには，このような番組はあくまでも海外に向けて地元情報を紹介するものであるため，地元（国内）の地上波で放送されることはあまりないが，今回のOABの取り組みは台湾版，タイ版ともに全エピソードを自局で放送したことも特徴的である。実際に地元の視聴者からも「日本を紹介するのにリポーターが海外の人というのは斬新」という反響があったり，協賛したスポンサーからも「海外向けに制作した番組が実際にOABの地上波テレビで見られる」と好評だった（橋本英子インタビュー［2020年7月29日］）。

3-4　進化する海外展開〜旅情報からドキュメンタリーへ　　〜ラグビーW杯が追い風に！

　2017年11月，順調に海外展開を拡大してきたOABにさらなる追い風が吹い

た。日本で開催されるラグビーW杯2019の日程と試合会場が発表され，大分県でオーストラリア，ニュージーランドなどが試合をすることが決まったのである。4年目の海外展開として，オセアニアからのインバウンド招致のためのコンテンツ制作を試みた橋本は，調査している中で，オーストラリア現地の旅行会社にある日本のパンフレットには，北海道，長野，東京，関西，広島，沖縄のツアーはあるが，九州を扱ったものがないことを知る（橋本英子インタビュー［2020年7月29日]）。

　そこで橋本は総務省の補助金の助成を受け[1]，プロデューサーとして*TRY TIME in Kyushu Japan!*という動画にまとめることに成功した[2]。オーストラリア，ニュージーランドの元ラグビー代表レジェンドをリポーターに仕立てて，別府温泉，阿蘇などの旅情報だけでなく，大分ラグビースクールに通う子どもたちとの交流ドキュメントも放送し，W杯を機に来日しようと考えている両国の視聴者に九州・大分を強くアピールした（図表5-5）。

図表5-5 ▶ 法華院温泉山荘の温泉に入るジャスティン（左)，ネイサン（右)

写真提供：OAB

3-5 自走化と気づき，そして次なる野望

　これまでのおよそ5年間，OABは，後発の小規模県域局という逆境をバネにして海外へのコンテンツ展開を積極的に行っている。その結果，OABが海外に向けて最初に映像を作った2015年とその後を比べると，台湾，香港から来日して大分県内に宿泊した人数は明らかに増えていることがグラフからもわかる（図表5-6参照）。OABのコンテンツ展開が県内へのインバウンド旅行者増加を促進し，県の海外戦略目標達成の1つの勝因になっていると推測できよう。

　また，4Kでのコンテンツ制作を推進したことで，大分県の豊かな自然を撮影した美しい映像をアーカイブ化し，海外向けの番組制作に使っただけでなく，国内のケーブルテレビ，IPテレビにも番組販売し，コンテンツのマルチユースを実現している。結果的に，自治体や企業などが海外に向けてPRする際の動画制作をビジネスとして成立させただけでなく，信頼をも獲得し，「OABは海外に強い」というブランディングを築き上げた。

　一方，取り組みを進める中で，橋本が意外だったのは，アジアからの学生はふだんから入浴する習慣がなく，学校からの研修旅行で竹田温泉を訪れても，大勢で一緒に裸で湯船につかることに抵抗があり，半数以上の人が温泉に入らなかったことだ。そこで旅行者が来ても温泉に入ってくれないという温泉地の悩みを解決し，かつ旅行者に温泉の気持ちよさを伝えるために，橋本は，ワコール社とともに，着たままで入浴できるタオル地の「湯あみ着」を開発し，販売を手掛けるビジネスをも構築した。

　「観光資源である温泉を一方的にPRするのではなく，自治体や企業の悩みを解決する形で地域に貢献し，さらに視聴者や旅行者の視点に立って発信することが肝要だと気づいた」と話す（橋本英子インタビュー［2020年7月29日］）。このように政府の助成をうまく活用したことで，放送局の番組のプロデュースという本業を基盤に，地方の文化や賑わいをもプロデュースするというビジネスモデルも構築している。

　さらに，OABは，海外展開を推進する中で，地上波へのCM出稿では縁のな

図表5-6 ▶大分県における外国人観光客宿泊者数

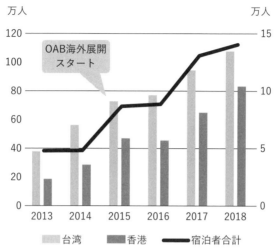

出所：大分県観光統計調査をもとにOABが作成

かった地元スポンサーとのビジネスも確立できた。近い将来，海外展開で獲得した地元スポンサーを本業のCM出稿スポンサーとして社内に循環させたり，その逆方向の動きも作りだすことができれば，準キー局やローカル局にとって，これが「持続可能（サスティナブル）」なエコシステムの１つになるのではないだろうか。

4　マレーシアアニメが伝える日本

4-1　3Dアニメと実写の融合で日本を紹介

去年12月，マレーシアの衛星放送チャンネルAstro Primaで*Fly With Yaya TOHOKU*というタイトルの3Dアニメ短編番組が放送された（図表5-7）。これは，山形放送が，マレーシアのIP創出とアニメーション制作を行うモンスタ（Monsta, 以下モンスタ社）などとともに総務省の事業として共同制作した[13]，

アニメと実写の融合コンテンツである（総務省［2018］）。

図表5-7 ▶*Fly With Yaya TOHOKU Aomori Ancient Village*

画像提供：モンスタ社

　女の子のアニメキャラクターYayaが青森，秋田，岩手，山形，宮城，福島の6つの県で実写の映像に登場し，伝統文化を体験したり，名産を試食したりするユニークな旅番組で，マレーシアや近隣の国で大きな話題となった。衛星放送では延べ520万人が視聴し，モンスタ社のオフィシャルYouTubeチャンネルでも6つのエピソード合わせて合計930万回の視聴を数え[14]，未だにその数は伸び続けているという（Noriman Saffianインタビュー［2020年8月26日］）。

4-2　国民的アニメ*BoBoiBoy*（ボボイボーイ）

4-2-1　「アジアンテイスト」のマレーシア国産アニメ

　マレーシアには*BoBoiBoy*という，老若男女を問わず誰もが知る，超人気3Dアニメシリーズがある。幼少期に『ONE PIECE』，『ドラゴンボール』，『NARUTO −ナルト−』などを見て育った若きクリエーター4人は，ユニバーサルでなおかつアジアの趣があり，教育的要素を含んだアニメを作るために，

2009年アニモンスタ（Animonsta）社[15]を興した。その彼らが世に放ったアクション＆コメディアニメシリーズが*BoBoiBoy*で，2011年に初めてテレビで放送されるやいなや，瞬く間に「国民的アニメ」の地位を手にした（Nizam, Safwanインタビュー［2015年4月27日]）。

　地球を征服しようとするエイリアンから仲間と共に地球を守るために戦うという，どこの国のアニメでもありそうな設定ではあるが，主人公の仲間の1人Yayaはヒジャブ[16]を被ったムスリム（イスラム教徒）の女の子という設定の「ハラルコンテンツ」[17]で，国民のおよそ3分の2がムスリムであるマレーシアならではの独特な作風をもつ。

　アニメ*BoBoiBoy*は，今や東南アジア，中国，インド，中東，北アフリカなど70か国以上のテレビや動画配信サイトで視聴されているだけでなく，玩具や食品などのIPとしても300以上の商品で使われている。また，劇場版2作品は2020年秋にトルコでの上映も決まるなど（Noriman Saffianインタビュー［2020年8月26日]），その勢いはデビューから10年目の今も衰えていないばかりか益々拡大している。

4-2-2　日本のムスリム関連旅情報をマレーシア人目線で

　日本国内ではイスラム教に対する理解が十分に浸透していないため，飲食店や公共施設などのムスリム対応も大都市以外では整っておらず，情報発信も少ない。そんな中で，筆者とモンスタ社のメンバーらが新しいコンテンツについてアイディア出しをしている雑談の中から生まれたのが，*BoBoiBoy*に登場するムスリムの女の子Yayaを実写の中に取り込んだ*Fly with Yaya*である。

　マレーシアなどの地域のムスリム向けの日本の旅情報をメインコンセプトに2018年から制作をスタートした。これまでに焼肉，茶道，鶏ガラスープのラーメン，たこ焼きやお好み焼きなど日本のソウルフードの紹介だけでなく，渋谷駅前スクランブル交差点の渡り方，京都・嵐山散策，イスラム教祈祷マットを製造する京都の西陣織工房見学など，先述の東北6県の旅情報のものも含めて，これまでに22作品が作られた[18]。

22あるエピソードの中でも岩手・わんこそばの特集は約300万回，ハラル焼肉＆ラーメンの特集で約250万回，それぞれYouTubeで再生されるなど，マレーシア人の日本の食べ物への飽くなき好奇心を満たすコンテンツとなっている。それは，モンスタ社のクルーが来日していわゆる「旅番組」のロケを行い，その映像に自社でアニメ画像のYayaを加工して制作しているため，マレーシア人の目線で日本の面白さ，素晴らしさを伝えることができていることが大きな要因となっている（Noriman Saffianインタビュー［2020年8月26日］）。

4-3　アニメでインバウンド拡大は可能か？

*BoBoiBoy*は12歳までの子どもをターゲットとした教育アニメとして誕生した。インバウンド招致を目論んで，子どもが見るアニメ番組を制作・放送しても，見た子どもたちが仮に「日本のこの場所に行きたい」と言ったとしても，果たして本当に日本に来てくれるのだろうか？　筆者のそんな問いにモンスタ社国際コンテンツ担当のノリマン（Noriman）は次のように話した（Noriman Saffianインタビュー［2020年8月26日］）。

*BoBoiBoy*が誕生して10年。スタート当初の番組を見ていた子どもたちもハイティーン，20代になり，親として，*BoBoiBoy*を子どもに見せる人も出てきており，親子2世代にわたって「マナーや礼儀も教えてくれる」教育的アニメとして定着してきた。*Fly With Yaya*は，マレーシア人目線で面白いと思うもの，知りたいと思うことを，わかりやすく脚本にしている。ムスリムの人たちは総じて家族旅行を好み，また子どもたちの意見を尊重する教育方針が主流のため，そのような意味でも子ども対象のコンテンツで日本を紹介すると，家族全体を（いい意味で）「洗脳」できる。

確かに小さいときに見たコンテンツは大人になってもずっと憧れとして記憶の片隅に残っており，見てすぐに旅行という行動に直結せずとも，インバウン

ド招致においては息の長いパワーをもつコンテンツだと言えるのではなかろうか。

4-4　ヤクルトレディになったYaya

これまでに作られた22話の中に，マレーシアヤクルト社との協業として，主人公Yayaがヤクルトを配達する「ヤクルトレディ」に扮している特集がある（図表5-8参照）。

これは日本のヤクルトレディの1日に密着したり，岡山県にあるヤクルト工場をYayaが見学したりしているものである。マレーシアでは，ヤクルトが日本同様，一般家庭に普及しており，ヤクルトレディも実在するマレーシアならではの協業で，このエピソードもYouTube上で話題となり，再生回数が上位に数えられている。

マレーシア国内外でIPとして確立された子ども向けアニメキャラクターYayaは，訪日旅行者向けに日本の魅力を紹介しただけでなく，他ではなかなか得られないムスリム向けの食情報，施設情報も伝えている。さらに，マレー

図表5-8 ▶ *Fly With Yaya 06 − Yakult Lady*

画像提供：モンスタ社

シアに向けて発信したい日本の企業，自治体，団体などのミッションにも一役買い，日本とマレーシアを繋ぐビジネススキームも構築できた。今後，モンスタ社は，まだ紹介できていない関西以西の日本各地，そして韓国などマレーシアに親和性のある国などにも，*Fly with Yaya*を旅情報コンテンツとしてだけでなく，ビジネスモデルとしても拡大していこうと目下計画中だという（Noriman Saffianインタビュー［2020年8月26日］）。

5 関西観光本部が放送コンテンツを活用して海外展開する意義

一般財団法人関西観光本部は，関西広域でのインバウンドをはじめとする，観光振興のために関西の自治体，経済団体，観光振興団体，観光関連を中心とした民間事業者等が参画し，府県や官民の枠にとらわれない組織として2017年4月に発足した（関西経済連合会［2017］）。それ以来，在阪放送局の知見や放送コンテンツを活用し，この地域のインバウンドを拡大することに積極的に取り組んでいる。

5-1 在阪民放局のニュース素材の活用

2018年9月4日に近畿地方に上陸した台風21号により，関西国際空港が被災し，閉鎖に追い込まれたが，日本が誇る高い技術力を駆使し，わずか2週間程度で再開にこぎつけることができたことは，まだ我々の記憶に新しい。関西観光本部はその際に在阪民放局が取材したニュース素材の提供を受け，関西国際空港の被災から復旧までを追いかけたミニドキュメンタリー『「関空，驚異の復旧」の全貌/Welcome! KANSAI, Japan.』を制作した。その結果，この映像は，関西への観光のネガティブなイメージの払拭と，関西のインバウンドのリカバリーに大きく貢献することができた（関西観光本部［2019］）。

5-2　関西観光本部×台湾テレビ局×在阪民放局

　また，別の取り組みでは，台湾からのリピーター旅行者向けに大阪市，京都市以外の地域への広域周遊をPRするため，2018年8月に在阪民放局と組み，台湾のテレビ局のクルーを招聘して現地の人気番組『秘境不思溢』のコンテンツを制作した[19]。リポーターの演出，番組構成などは台湾の制作サイドに一任することで視聴者のテイストに寄り添ったコンテンツが制作できる一方で，関西観光本部には域内の地方自治体職員が参画しているため，在阪民放局の取材力と合わせて，最新・最旬の地元情報を盛り込むことが可能となった。

　また，関西観光本部と在阪民放局の連携によって，台湾メディアの単独取材ではなかなか引き出すことのできない地元の人たちの本音を聞くことができ，加えて在阪民放局も通常の自社の取材では知り得なかったその地方の良さを新たに発見できるという，「三方よし」のプロジェクトとなった（佐川一輝・中井孝一インタビュー［2020年8月27日］）。

6　終わりに〜「with/afterコロナ」のインバウンドとコンテンツの海外展開

6-1　まずは欧米と中東向けの戦略を

　まずは，インバウンドを「市場」とみている側の考えをまとめる。インバウンドを扱う旅行会社，フリープラス社が2020年7月〜8月に各国の取引先旅行社100社に「訪日旅行商品の送客再開予定時期」を尋ねたところ，全体の7割が2021年4月までには再開予定だと答えている（やまとごころ［2020]）[20]。一方，星野リゾート代表の星野佳路は，「まずは日本の魅力を欧米向けに発信しイメージ戦略を図る。欧米の一流の目利きが憧れる場所になれば，アジアの人々も自然に増える」と語る（MATCHA_Corporate［2020]）。また，中東・GCC諸国[21]を中心としたイスラム圏に特化したインバウンド支援をしているジェイ・リンクス社代表の金馬あゆみによれば，コロナ禍で日本政府が訪日客

を制限中でも中東の富裕層からの来日の問い合わせも多く，ニーズも高まっており期待できるという（金馬あゆみインタビュー［2020年7月27日］）。

6-2　世界の旅行者が「with/afterコロナ」の日本に求めるもの

　日本政策投資銀行（DBJ）と公益財団法人日本交通公社（JTBF）は新型コロナ終息後の訪日外国人旅行者意向を調査した総括として「日本はウイルス対策全般の継続などの安全・安心に関する取り組みを徹底し，『清潔さ』という日本の強みを一層生かすことが重要」だとしている（日本政策投資銀行［2020］）。

　中東UAEの大学職員，アムナ・アリ・アル・ダルマキ（Amna Ali Al Darmaki）は，幼少の頃からアラビア語に吹き替えられた『ちびまる子ちゃん』が大好きで，大学では日本語と日本文化を学ぶサークルに属していた。過去2回来日し，東京，大阪，広島などを訪れたことがある。「afterコロナ期には，UAEの人たちは，日本のような清潔な国を旅行したいと思っている。しかし，まだUAEでは日本の旅は身近ではないので，東京以外のことはあまり知られていない。都会から離れれば離れるほど日本語しか通じなくなるので，多言語の表示を増やしてほしい。また，ムスリムにとっては食べ物や祈祷室の情報がとても大事なので，そういった旅情報を発信してほしい」と話す（Amna Ali Al Darmaki インタビュー［2020年8月14日］）。また第4節で紹介したモンスタ社のノリマンは，「マレーシアでも東京，大阪，京都以外はあまり知られていない。今回東北の特集を制作したところ，馴染みのない場所だったが，おいしい食べ物や美しい景色が視聴者にも好評だった。大阪より西にも面白いところがあるので取材したい」と語った（Noriman Saffianインタビュー［2020年8月26日］）。

　「最新・最旬・再認識」をモットーとしている関西観光本部では，これからのインバウンド招致に向けて個人・少人数のグループを対象とした，「密を避けた（都会ではない）地方」，「屋外で楽しむグランピング」，「オープンエアのレストラン」などに関する情報発信を強化する方針だという。また，自然観光

の強化だけでなく，一極集中を解消し，地域格差をなだらかにするために，「京都+●●」，「大阪+●●」といった関西広域周遊ルートを一層PRしていく。さらに「日本の文化をより深く理解してもらうために，滞在日数や訪問箇所の拡大を提案したい」と話している（佐川一輝・中井孝一インタビュー［2020年8月27日］）。

6-3　今後のインバウンド拡大における在阪準キー，ローカル局の役割

　前出の金馬によれば，中東からの旅行者は，具体的に日本のどこなのかわからずに，SNSに投稿された写真を見せて「ここに行きたい」，「これが買いたい」と言うそうだ。2019年，香川・善通寺市の「四角いスイカ」を欲しがるサウジアラビアの旅行者がいて金馬は驚いた。「映え」な所や物，つまりローカルニュースで報道される緊急性のない「ヒマネタ」をSNSなどを通じて外国人旅行者はよく見ているという（金馬あゆみインタビュー［2020年7月27日］）。

　まさにこの「ヒマネタ」の発信こそが地域密着の準キー局，ローカル局が得意とするところである。さらには，「withコロナ」期にあっても安全対策をとり，徐々に活気が戻ってきている観光地を報道するローカルニュースも海外からの旅行者を安心させる。いわゆる「ヒマネタ」をまとめて海外で視聴できるような仕組みが急がれる。

　同時に，第3節で紹介したOABの取り組みのように，地方局だからこそ知り得る地元観光地の悩みを局と地域と企業が一体となって解決するようなビジネスを構築し，win-winの関係性を作ることも今後の1つの方向性だといえよう。

■注

1) 楽天リサーチ株式会社（現　楽天インサイト株式会社）が実施した『J-LOP4「2018年海外における日本コンテンツ調査（抜粋）」』による。2017年12月14日から2018年1月15日にカナダ，アメリカ，メキシコ，ペルー，ブラジル，チリ，イギリス，フランス，ドイツ，イタリア，スペイン，ロシア，中国，香港，韓国，台湾，フィリピン，ベトナム，タイ，

シンガポール，マレーシア，インドネシア，インド，オーストラリア，ニュージーランドを調査対象国として実施したもの。

2）2018年に認定放送持株会社に移行し，朝日放送グループホールディングスに社名変更。朝日放送テレビ，朝日放送ラジオが事業を開始した。

3）日本で唯一の国際映画製作者連盟公認の国際映画祭である「東京国際映画祭（TIFF）」と併催されるアジアを代表するコンテンツマーケットで，2004年に始まった。

4）2001年に始まった韓国政府主催の国際放送映像番組見本市。

5）2004年から台湾・台北市で開催されている国際的なテレビコンテンツの展示会。

6）この番組は次のURLで視聴可能。https://www.youtube.com/user/vcsmcv

7）平成26年度補正予算「コンソーシアムによる地域経済活性化に資する放送コンテンツ海外展開モデル事業」

8）ラジオ開局1953年，テレビ開局1959年

9）2019年3月31日現在の職員数（兼任・嘱託を除く）

10）総務省平成26年度補正予算「地域の創意工夫による地域経済活性化に資する放送コンテンツ海外展開モデル事業」

11）総務省平成29年度補正予算「放送コンテンツ海外展開総合強化事業」

12）動画は次のURLで視聴可能。https://www.facebook.com/TRY-TIME-in-Kyushu-Japan-586660938442568/

13）総務省平成30年度第二次補正予算「放送コンテンツ海外展開強化事業（連携型）」

14）動画はモンスタ社のオフィシャルチャンネルで視聴可能（英語字幕，日本語字幕，バハサマレー語字幕付き）
https://www.youtube.com/playlist?list=PL_Br33IM3f_7FnCxFcW0ifsBdE9bQcTeC

15）2009年アニメ制作を主な事業内容とした「Animonsta社」を設立したが，のちにアニメも含めた「総合IP関連事業」をビジネスラインとし，「Monsta社」と表記するようになった。

16）ムスリム（イスラム教徒）女性が人前で頭髪を覆い隠すために使うスカーフのような布。

17）イスラム教の戒律に則ったコンテンツのことを指す。

18）22話すべてモンスタ社のオフィシャルチャンネルで視聴可能（英語字幕，日本語字幕，バハサマレー語字幕付き）。
https://www.youtube.com/watch?v=lLNtXI52H3c

19）2018年11月，12月に台湾で放映された番組『秘境不思議』の予告動画は次のURLで視聴可能。https://www.youtube.com/watch?v=qdDO9dgGWy4　https://www.youtube.com/watch?v=oYTDXWoj6WM

20）2020年7月16日〜8月7日にフリープラス社が取引先旅行会社100社に「訪日旅行取扱再開」に関する調査を実施（回答した会社の国籍は台湾8，中国20，香港4，インドネシア10，ベトナム18，フィリピン7，マレーシア2，タイ10，オーストラリア7，フランス6，イギリス5，イタリア2，スペイン1）。

21）1980年にアンマンで開催されたアラブ・サミットでのジャービル・クウェート首長（当時）の提案を受け，翌1981年にサウジアラビア，アラブ首長国連邦（UAE），バーレーン，オマーン，カタール，クウェートによって設立。本部（事務局）はサウジアラビアの首都リヤドに所在。

■ 引用・参考文献

井上昌也［2019］「放送の中央集権と戦ってきた」『週刊東洋経済』2019年11月23日号，p.51.

映像産業振興機構［2019］「コンテンツの海外展開を通じた日本ブームの創出に向けて〜J-LOP事業の 5 年間の総括〜」https://www.vipo.or.jp/u/201902jlop.pdf

大分朝日放送［2015］「ONSEN Paradise Oh!TA」https://www.oab.co.jp/onpara/

関西観光本部［2019］「2018年度事業報告書（概要版）」https://kansai.or.jp/pdf/2018_businessReport.pdf

関西経済連合会［2017］「関経連NOW 動き出した関西観光本部」『経済人』2017年 8 月号，pp.2-5.

国際観光振興機構［2020］「ビジット・ジャパン事業開始以降の訪日客数の推移（2003年〜2019年）」https://www.jnto.go.jp/jpn/statistics/marketingdata_tourists_after_vj.pdf

総務省［2018］「放送コンテンツ海外展開強化事業（連携型）採択候補一覧」https://www.soumu.go.jp/main_content/000625999.pdf

総務省［2020］「放送コンテンツの海外展開に関する現状分析（2018年度）」https://www.soumu.go.jp/main_content/000691007.pdf

日経ビジネス［2016］「特集 テレビ地殻変動 ネットTVが作る新秩序〜〈地方局は生き残れるか〉崩れる収益基盤　国も再編へ動く」『日経ビジネス』2016年 9 月12日号pp.40-43.

日本政策投資銀行［2020］「DBJ・JTBF アジア・欧米豪訪日外国人旅行者の意向調査（2020年度新型コロナ影響度特別調査）」https://www.dbj.jp/topics/investigate/2020/html/20200818_202801.html

日本政府観光局［2020］「訪日外客数（2020年 8 月推計値）」https://www.jnto.go.jp/jpn/statistics/data_info_listing/pdf/200918_monthly.pdf

日本貿易振興機構［2009］「ベトナムにおけるコンテンツ市場の実態」https://www.jetro.go.jp/ext_images/jfile/report/07000027/05001667.pdf

日本貿易振興機構ハノイ事務所［2012］「H24年度 海外制度調査　ベトナムにおける理容・美容産業制度調査　2012年10月」https://www.jetro.go.jp/ext_images/jfile/report/07001370/riyou_vietnam.pdf

毎日新聞［1992］「海外でモテモテ日本のTV番組　制作方法も輸出」1992年 4 月24日大阪夕刊，p.2.

やまとごころ［2020］「訪日旅行を取り扱う海外旅行会社100社に聞いた日本旅行の販売時期は？　7 割が2021年春までに再開」2020年 8 月17日　https://www.yamatogokoro.jp/inbound_data/39570/

MATCHA_Corporate［2020］「日本インバウンドサミット2020　トークセッション」2020年 7 月23日　https://www.youtube.com/watch?v=hHLpkSBj3GU&feature=youtu.be&t=1545

NNAアジア経済情報［2015］「エースコック，日本のフォー即席麺を一新［食品］」2015年 2 月5 日

《インタビュー一覧》
井上修作（朝日放送グループホールディングス　2020年 8 月12日）
金馬あゆみ（ジェイ・リンクス　2020年 7 月27日）
佐川一輝・中井孝一（関西観光本部　2020年 8 月27日）

佐々木安博（朝日放送テレビ　2020年7月30日）
遠山雄大・白石秀太（ABCインターナショナル　2020年8月6日）
橋本英子（大分朝日放送　2020年7月29日）
Abdul Razak Mohd Nizam, Karim Safwan（モンスタ　2015年4月27日）
Amna Ali Al Darmaki（2020年8月14日）
Noriman Saffian（モンスタ　2020年8月26日）

（永野　ひかる）

114

× **BROADCAST CONTENT**

第**6**章　日本アニメの産業としての成長

1　産業から見る日本アニメ

1-1　日本経済の停滞下におけるアニメ産業

　日本経済は明治維新から20世紀末まで大きな成長を遂げた。しかしながら，1990年代にバブルは崩壊し，1989年に38,916円まで高騰した日経平均株価は2003年には7,607円にまで暴落し，1990年代は「失われた10年」と言われたが，さらに経済低迷は続き「失われた20年」となってしまった。この不況は，世界的な産業構造の変革に対する遅れに加えて，急速な高齢化等により労働の生産性の向上が図られなかった事等が原因と指摘されている。

　現在の世界における日本の経済力をGDP（2018年）のランキング（公益財団法人矢野恒太記念会編［2020］pp.102-109）で見ると，1位の米国20.58兆ドル，2位の中国13.61兆ドルに次いで，日本は3位で4.97兆ドルである。この順位は優位なようであるが，GDPの伸び率を見てみると，約20年前の2000年に米国は現在の約半分の10.25兆ドルであり，中国にいたっては1.21兆ドルと現在の約1割にも満たずに大きく成長したのに対して，日本は4.89兆ドルと現在と殆ど変わらない。この他，ドイツ，イギリス，インドも約2〜5倍程度と数値を伸ばしており，日本だけが世界主要国の中で停滞している。

　この低迷は単なる景気変動によるものではなく，従来型の工業製品の市場が飽和し，途上国の工業力の強化により日本の輸出競争力が弱まったにも関わら

ず，これに代わる新たな産業の発展がなかったためである。工業製品の中でも自動車，電子部品，半導体製造装置，化学製品等においては，世界的に日本がまだ輸出競争力が強いものも多い。しかし，日本が従来のような活力を回復するためには，今，新たな産業の発展が求められている。

　図表6-1より，GDPの成長は過去約30年において僅かであるが，アニメ産業は2.5倍以上の飛躍的な伸びを示していることがわかる。そこで，本章ではこのアニメ産業が，日本が経済の低迷を脱し，新たな成長を遂げるために，従来の製造業とは異なる産業の1つとして期待できるのかを考察する。発展し続けているアニメ産業とは，いったいどういった特徴があり，過去から現在に向けてどういう道を歩み，これからどう進んでいこうとしているのだろうか。

図表6-1 ▶ アニメ産業の規模とGDPの推移（日本，指数化）

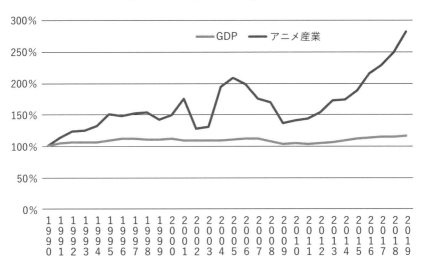

＊GDPは名目国内総生産

出所：財団法人デジタルコンテンツ協会編［2006］p.79，一般社団法人日本動画協会［2019］p.10，一般社団法人日本動画協会［2020］資料①，厚生労働省［2009］，内閣府［2020］より筆者作成

1-2　高まる日本政府の期待

　このアニメのコンテンツとしての経済的価値には政府も着目している。経済振興対策として，2002年に小泉首相（当時）は国家戦略「知的財産立国宣言」を打ち出した。同年2月に首相は施政方針演説で「我が国は，既に，特許権など世界有数の知的財産を有しています。研究活動や創造活動の成果を，知的財産として，戦略的に保護・活用し，我が国産業の国際競争力を強化することを国家の目標とします。このため，知的財産戦略会議を立ち上げ，必要な政策を強力に推進します」と「知的財産立国」を宣言した。

　同年7月には「知的財産戦略大綱」を発表した。これは「産業競争力低下への懸念」，「知的創造サイクル確立の必要性」等の課題を，「知的財産立国」の実現により対処するものであった。

　産業競争力低下の懸念に対して，「アニメーションやゲームソフト等のコンテンツ産業は，国際的に高く評価されている」と述べ，「物的資源に乏しく，かつ，労働コスト等が高い我が国の経済・社会を再び活性化させる戦略として，優れた発明，製造ノウハウ，デザイン，ブランド，音楽，映画，放送番組，アニメーションやゲームソフトをはじめとするコンテンツ等を戦略的に創造・保護・活用することで富を生み出す知的財産立国の視点は不可欠である」と，コンテンツの中でアニメの重要性を捉えている（知的財産戦略会議［2002］）。以前は単なる娯楽，子供の遊びとしてしか捉えられていなかったアニメやゲームが，クール・ジャパンとして海外で高い人気を博したこともあり，新しい産業として期待している（内田［2006］p.44）。

　日本のコンテンツ産業の規模は2018年で10.6兆円であり，世界の規模は128.8兆円であるから，日本の占める割合は8.2％で，米国，中国に次いで世界3位である（一般財団法人デジタルコンテンツ協会編［2020］p.55）。アニメ市場は，テレビ，映画，インターネット配信といった映像と，キャラクターグッズやイベントといった派生商品やサービスから構成される。アニメの映像のみの市場規模は2,549億円（2018年，電通メディアイノベーションラボ編［2020］p.100）

だが，関連産業を含めると２兆1,814億円（含む輸出）にも及ぶ（2018年，一般社団法人日本動画協会［2019］p.7）。この規模からみてもアニメを含むコンテンツは発展が期待される重要な産業セクターであるといえる。特に，日本として他国と異なる固有の産業の育成は望まれるところであり，文化を背景としたアニメを含むコンテンツ産業はその１つの候補である。

1-3　海外輸出が支える成長

近年になっても，このアニメに対する政府の強い関心は続いている。例えば，2003年以降に内閣知的財産戦略本部より毎年発表されている政府全体の知財振興に関する基本方針「知的財産推進計画」の2020年度版において，アニメはコンテンツの一有力分野として位置づけられている。同計画の「５．コンテンツ・クリエーション・エコシステムの構築」の中で，コンテンツは経済効果のみならず日本への共感の源泉ともなり，インバウンドへの寄与や，多様な商品・サービス展開等大きな可能性を有しているため，世界を見据えたコンテン

図表６-２▶アニメ産業の市場規模の推移（国内，海外別）

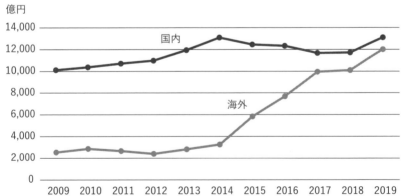

出所：一般財団法人デジタルコンテンツ協会編［2020］p.66，一般社団法人日本動画協会［2020］資料①

118

ツの戦略を推進していくべきであるとし，海外市場との関係に注目している。

　先述の通り，大きく成長しているアニメ産業であるが，その伸びは実は国内ではなく海外市場の伸長に支えられている（図表6-2）。日本のアニメ産業の規模は，2019年にはキャラクターグッズといった関連市場も含めると2兆5,112億円と過去最高額に達した。前年比15.1％増で，10年間で1兆2,463億円も増加している。この増加分の9,465億円は海外輸出によるものである。アニメ産業全体における輸出の比率は47.8％（2019年）にも及び，これは10年前には半分以下の20％程度であった。

　その輸出先について，アニメ制作会社と海外事業者の契約本数（2018年）で見てみると，北米が884件，アジアが650件，欧州が236件となっている（電通メディアイノベーションラボ編［2020］p.105）。また図表6-3の通り，日本の放送コンテンツ全体の輸出のうち81.1％をもアニメが占めており，放送業界にとっても欠かせない存在となっている。

図表6-3 ▶ 放送コンテンツ海外輸出額のジャンル別割合

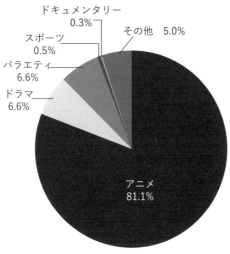

出所：総務省［2020］p.7

その世界的な人気は衰えを知らず，日本アニメに関するコンベンションが世界各地で開催されている。1992年より毎年7月に米国ロサンゼルスで開催されている北米最大の日本アニメのコンベンション『Anime Expo』では，当初は2,000人程度であった入場者数は2000年頃から急激に増え，2019年には35万人にも及んだ。

2　日本アニメ発展の歴史

2-1　これまでの作品から

このように特に海外市場が活況をみせるアニメであるが，これまでどのように発展してきたのであろうか。日本アニメの歴史を振り返ってみたい。

なお，本章では「アニメ」は日本のアニメーションを指し，「アニメーション」全般とは区別する。「アニメーション」とは静止画像を連続して映し出し，動いているように見せる映像技術である。「アニメーション（Animation)」は「Animate」の名詞形で，その語源はラテン語の「Anima」であり「生命を与える」「生き返らせる」の意味がある。1枚1枚描画して「動き」を表現した映画を「Animated Cartoon」と呼び，実写映画と区別するようになり，「Animation」と呼ぶようになった（山口［2004］p.22)。

日本のアニメーションは，Disneyに代表される1秒間に24枚の絵で構成されるフルアニメーションに比べて，絵の枚数が8枚程度と少ないリミテッドアニメーションといった特徴があり，日本においても海外においても「アニメ（Anime)」と呼ばれるようになった。

日本で初めてアニメーションが制作されたのは1917年で，その作品は短編映画であった。その後，戦後に大きな発展を遂げ，1953年にテレビ放送が開始されると，アニメーションはCMで用いられるようになった。1956年には東映動画株式会社（現東映アニメーション株式会社）が，東洋のDisneyを目指して設立され，1958年に日本初のカラー長編アニメーション映画『白蛇伝』を公開

した。

そして，1963年には日本のアニメ産業の礎となる日本初のテレビアニメシリーズ『鉄腕アトム』が放映され，同年には米国に輸出された。当時マンガ家として成功を収めていた手塚治虫は，アニメ制作のために株式会社虫プロダクションを設立した。テレビ番組は低予算であったため，制作費を抑えるために，手塚は作画の枚数を減らすバンクシステムという同じ絵を多用する制作技法を発展させ，これが日本アニメ表現の特徴ともなった。さらに，手塚は制作費の不足を補うためにキャラクターグッズからロイヤリティー収入を得る仕組みも構築した。

『鉄腕アトム』をきっかけとして，アニメブームが始まった。テレビアニメの制作分数は，1963年には2,625分であったが，1964年は8,865分となり，1965年には14,640分，1967年には21,985分と増え続けた。『鉄腕アトム』の視聴率は40.3％を記録し，1966年には『オバケのQ太郎』が36.7％，1967年には『パーマン』が35.6％となる等（増田［2016］p.15），『鉄腕アトム』と同様にマンガを原作とするテレビアニメが多く誕生し人気を博した。

その後1970年代には，子供だけでなく青年層をターゲットにした『宇宙戦艦ヤマト』や，作品に登場するロボットのプラモデルというアニメ関連の商品化を作品と共に重視する『機動戦士ガンダム』がヒットした。現在の日本アニメの特徴である子供だけでない幅広いターゲット層や，メディアミックス展開のビジネスの基礎がこの頃には形成され，日本のアニメは発展を続けていった。1990年代に入り『新世紀エヴァンゲリオン』，『ポケットモンスター』，『千と千尋の神隠し』等のヒット作品が国内だけでなく海外でも人気となり，アニメはクール・ジャパンの代表格となっていく。

ただ，日本アニメが現在，実際にどの程度の国際競争力があるかは冷静に見極める必要がある。輸出が伸びているのは実は子供向けアニメではなく，ヤングアダルト向けであり，これはインターネット配信でリーチしやすい層であり，海外のアニメーションではターゲットにしていない層でもある。日本アニメは映像コンテンツ全体からみるとニッチな市場であることは否めない。子供向け

市場を拡大させるためには，インターネット配信だけでなく子供が視聴しやすいテレビ放送において，他国のアニメーションと競争できるアニメの輩出が不可欠である。

2-2　産業規模の推移から

　このアニメの発展を数値から見てみよう。その産業規模は1975年には46億円であったが，2018年には2,549億円と拡大し続けている（図表6-4）。アニメビジネスの特徴の1つは，アニメ自体の売上に対してその10倍前後の関連ビジネスが存在することである。このため，アニメそのものの発展は関連産業の発展にもつながり，大きな経済効果が期待できる。

　一般社団法人日本動画協会は，アニメ産業の規模を狭義と広義で算出している。狭義とは商業アニメ制作会社の売上の推定集計値，広義とはアニメに対しユーザーが支払った推定金額の集計値である。広義の規模の推移（図表6-5）を項目別にみていくと，テレビアニメに大きな変動はなく，映画は2012年頃より規模が大きくなっている。ビデオは縮小が続いており，2018年には配信が僅かであるがビデオを上回った。そして先にも述べた通り，海外が非常に伸びて

図表6-4 ▶アニメ産業の規模の推移（映像のみ）

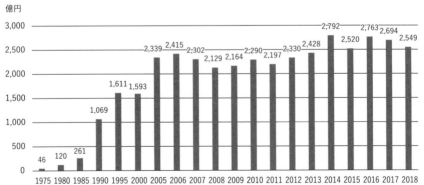

出所：電通メディアイノベーションラボ編［2020］，p.100

図表6-5 ▶アニメ産業の規模の推移（分野別，広義）

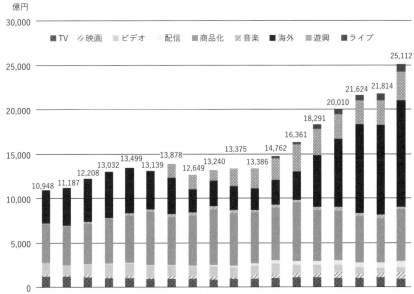

出所：一般社団法人日本動画協会［2020］資料①

図表6-6 ▶アニメ制作会社の分野別売上（2018年）

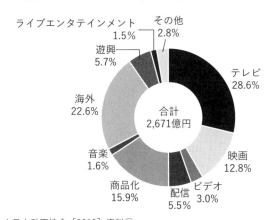

出所：一般社団法人日本動画協会［2019］資料①

いる。

　アニメ制作会社の売上の内訳（2018年，図表6-6）をみると，アニメから収入を得る方法が多岐に亘ることがわかる。売上は全体で2,671億円であり，テレビ放送が最も多く，さらに映画，ビデオパッケージ，インターネット配信といった映像に加えて，グッズ，音楽，遊興，ライブエンタテインメントもあり，そして海外からの収入は22.6%を占めており比重が大きい。

2-3　アニメビジネスの特徴と資金調達

　アニメビジネスはハイリスク・ハイリターンである。例えばテレビアニメの場合，制作費は1話（30分）あたり約2千万円と高額だが，ヒット作品が出るのは数年に1度と，その確率は低いため，大きな損失となる場合が多い。その一方で，視聴者が1人増えた場合にアニメを提供するために新たにかかるコストは非常に僅かであり，ヒットすれば大きな収益が得られる。

　このハイリスク・ハイリターンであり，1つの作品からの収入源が多岐に亘るというアニメビジネスの特徴は，現在主流であるアニメの制作資金の調達方法，製作委員会方式に活かされている。製作委員会とは，アニメ作品に関係する事業者，例えば，テレビ放送局，大手制作会社（元請），ビデオ販売会社，広告代理店，玩具メーカーが，共同で出資するために構成する組織である。出資の目的は，アニメに関連する事業への参画や権利の獲得である。本方式はハイリスク・ハイリターンなアニメビジネスにおいて，共同出資によりリスクが分散され，制作投資が容易だという長所がある。ただ，出資企業は自己の事業のために製作委員会に参画するため，アニメビジネス全体としては最適化が図りにくいという短所がある。

　この製作委員会方式により，アニメの関連ビジネスへの二次展開は，関係各社の密な関係が構築されているため，スムーズに迅速に行われる。しかしながら，海外市場においては，関連事業者間の連携は確立されておらず，人気が継続的に安定している作品のゲーム化等の一部を除いて，人気が出てからその後

の展開を進めていくのが現状である。海外でも大人気の『NARUTO』の制作会社である株式会社ぴえろの本間道幸社長は，二次展開のビジネスを成功させるためには，何よりも「スピード」を持って進めることが重要であるという（インタビュー［2020年10月19日］）。しかし，海外においては，二次展開を迅速に進める体制は未だ構築されていない。

3　アニメ輸出の課題──ローカライゼーション

3-1　ローカライゼーションとは

　日本のアニメは海外という異なった環境において，当然のことながら日本と同様な形式で流通，販売，消費されるわけではない。そのため，アニメを国際的に円滑に流通させるためには，文化の差や各国の商習慣の違いを乗り越えることが求められる。この課題の1つに「ローカライゼーション（現地化）」がある。ローカライゼーションとは，言語の翻訳を含めて内容を現地の文化に合わせて改変することである。

3-2　ローカライゼーションの編集内容

　例えば，2014年に米国において初めてDisneyXDチャンネルで「Doraemon Season1」として放送された『ドラえもん』では，テレビ朝日は，「本来の世界観を大切にしながら，アメリカの文化や社会基準を考慮し，英語圏の視聴者に親しんでいただける」（テレビ朝日［2014］），「登場人物の設定は忠実に，それぞれの性格を踏まえて声優をキャスティングした。字幕や言語の吹き替えだけでなく，日本的な要素を部分的に外して世界に通用する笑いを取り入れた初めてのローカライズ版」（インプレス［2014］）とし，ローカライズに多くの工夫がなされたことが伺える。

　様々な関点から編集が行われるわけだが，その内容を体系化すると，①言語

の吹替えに加えて，②放送局内の倫理規定への整合，③文化の差異の補正，④魅力を増すための編集の4つに分けることができる（小泉［2017］p.27）。まず②については，米国連邦通信委員会（Federal Communications Commission: FCC）は，子供向け（12歳以下）のテレビ番組の内容に関して規制を行っている。各テレビ局内には放送倫理基準部があり，FCCの規制に則った上で，さらに独自の基準を設けて，暴力，性的（裸体表現等），言葉，血，武器に関し制限を決めていることが多い。ちなみにインターネット配信には国の規制はないが，配信サイト毎に独自の基準を策定している。

　『ドラえもん』の場合は，暴力的，性的描写の緩和とともに，不健康を促進する内容が修正された。甘い食品の大量摂取を助長してはならないとの考えに基づいて，ドラえもんがどら焼きを大量に食すシーンは，ストーリーの筋が通る場合は削除され，通らない場合は注意のテロップが表示された。そして，十字架等の宗教的な内容も削除された（小泉［2017］p.27）。日本は世界的にみて，子供向けの内容に自由度が大きいことから，子供向け番組の輸出にあたっては，多くの編集が必要となってくる。

　次に編集が加えられたのは，③文化の違いから理解しにくい，誤解を生む内容の補正である。言葉に関しては，例えば登場キャラクターの名前は，「ドラえもん」はそのまま「Doraemon」だが，「のび太」は女性の名前の響きがあるため「Noby」となった。さらに米国の生活習慣に合わせた修正も行われ，例えば，はしがフォークに，小遣いがドル紙幣に，テストの採点方法も米国方式に変更された。表現方法は米国式が考慮され，満腹時には洋服がはち切れる等わかりやすいオーバーな表現が導入され，複雑なストーリーは削除された。

　さらに，予算やスケジュールが許す場合には④魅力的な内容へ改変することもある。『ドラえもん』の場合は，音楽は全てアップテンポの曲が新規に作曲され差し替えられた。このように，『ドラえもん』の事例ではローカライゼーションの内容は，①言語の吹替えとともに，②放送局内の倫理規定への整合，③文化の差異の補正，④魅力を増すための編集となっていた。この4パターンはローカライゼーションにおける編集内容の基本と考えられ，視聴形態，視聴

者層，ローカライゼーションの期間や予算といった条件により，どの程度編集を加えるのかが決定される（小泉［2017］p.27）。

3-3　ローカライゼーションの体制

　それではこのローカライゼーションの作業はどのような体制で行われているのだろうか。米国においては，現地のライセンシー（エージェントまたはマスター・ライセンシー）が，日本国内にある製作委員会の海外窓口（ライセンサー）よりサブ・ライセンスされローカライゼーションの全体的な指揮を執り，現地側が実際のローカライゼーション作業を実施し，費用も拠出する。日本のライセンサーは編集後に最終許可を出すアプルーバル権を所持する場合もあれば，現地側に全てを任せる場合もある。日本側がローカライゼーション方法につき提案することは少ない。

　日本のテレビアニメ輸出の歴史は，1963年に米国NBCに販売された『鉄腕アトム』から始まっているが，当時は日本側ではローカライズへの意識が薄く，日本側はアプルーバル権も保持しておらず，意図しない多くの編集が加えられた（日本放送協会［2008］）。その後，米国でアニメが認知されビジネスが活発になるにつれて，日本のオリジナル作品への尊重がローカライズにおいてみられるようになっていった。

3-4　視聴者層による視聴形態の違い

　米国におけるアニメの視聴形態はインターネット配信が主流である。アニメに特化した配信サイトはコアなファンを，Netflix等の一般の動画配信サイトはカジュアルなファンを主にターゲットにしている。テレビで放送されるアニメは子供向けが多いが，放送される作品数は，近年は僅か数本に留まっている。

　ローカライゼーションに求める内容は，視聴者層によって異なる。コアなアニメファンは日本と時差がないサイマル配信で，オリジナルに近い内容を好む

ため最低限の改変，つまり逐次訳の字幕のみの編集を好む。ライトなファンは字幕か，もしくはストレスなく楽しむことを好むために，音声の吹替えまで行った作品を，インターネットまたはテレビで視聴する。そして子供は，日本のアニメと意識しなかったり，深くアニメに興味のない人も視聴する可能性もあり，『ドラえもん』のように内容への配慮がより求められる。そのため，言語の吹替えだけでなく，内容を最も改変している。

3-5　企画段階からのローカライゼーションの考慮

輸出している多くのアニメは日本市場向けに制作され，海外輸出やローカライゼーションを当初から考慮した企画はほとんど行われていない。編集作業は現地事業者毎に実施している。現地の文化を理解する側が作業することは，ターゲットへのアピールを考えるとよいかもしれないが，同じ言語であっても個々にローカライズしている場合もあり非効率となっている。

しかし一方で，グローバルな動画配信事業者は文化や規制の差が流通の障害とならないように独自の基準を設けて，最初からその基準に則りアニメを企画制作している。アニメと同じく海外で人気のゲームの場合も，制作段階からローカライゼーションを視野にいれた手法が開発されている。現在のように海外輸出がアニメ産業全体を支えるようになると，日本アニメにおいてもローカライゼーションの実施方法の効率化を検討する時期に来ているといえる。

4　アニメのインターネット配信の現状

4-1　日本市場

近年，アニメビジネスに大きな変革をもたらしているインターネット配信についてみてみよう。アニメ産業全体の国内市場は漸増状態ではあるが，市場を細分化すると成長分野と停滞分野に別れる。成長分野はインターネット配信と

音楽ライブやイベント等のライブエンタテインメントである。図表6-5から
わかるように，ライブエンタテインメント市場は2013年以降大きく成長し，配
信市場は2002年に僅か2億円であったが，2008年には100億円を超え，2012年
からは急速に成長している。海外の動画配信事業者によるアニメの配信権獲得
や日本進出により，日本の事業者もサービスを強化したことも背景にある。

4-2　グローバルな動画配信事業者

　世界最大の動画配信事業者であるNetflixは，日本アニメの国際的な人気に
着目し，他事業者との差別化戦略として，アニメを重要な1分野と認識して，
オリジナルの日本アニメを積極的に制作している。

　2018年には，テレビ放送を一切しない，Netflix独占の最初の日本アニメ
『Devilman Crybaby』の配信が開始され，エポックメーキングとなった。同
年に独占配信された『バキ』は，世界約50カ国で最も観られた作品，総合
TOP10入りし，2020年に同じく独占配信された『泣きたい私は猫をかぶる』
は世界30カ国以上で最も観られた映画TOP10入りした（山崎［2020］）。
Amazonでは2016年から『クレヨンしんちゃん外伝』を独占配信し，『無限の
住人－IMMORTAL－』は2019年に配信した後，テレビ放送された。

　NetflixとAmazonは共に2015年秋に日本でサービスを開始した。Netflixは毎
月650円から1,450円で数千本のコンテンツを見放題とする定額動画配信
（Subscription Video on Demand：SVOD）サービスを提供した。元々は1997
年設立のDVDレンタルサービス会社で，2007年に動画配信事業を始めて飛躍
的な成長を果たした。会員数を増やすために，アニメを含むオリジナル・コン
テンツを積極的に製作しており，その投資額は2020年には160億ドル（Klebnikov
［2020］）に達するとの予測もあり巨額である。日本の有料会員数は2020年8月
末時点で500万人を突破し，約1年で200万人も増加した。世界では190か国以
上にサービスを展開し，会員数は1億9,300万人にも及ぶ（山崎［2020］）。

　Amazonは1994年設立の巨大ECサイトで，サービス対象が映像に留まらず，

音楽，電子書籍，そして通販商品の配達，クラウド等と幅広い定額サービスを提供し，映像コンテンツのみのNetflixよりも商品やサービスの種類が多い。数千本の映像作品が見放題であり，年額3,900円としてサービスを開始した。

NetflixやAmazon以外には，4年早く日本でサービスを開始した日本テレビ子会社のHuluも会員数を202.8万人（2019年3月）（井上［2019］）と伸ばしている。世界市場では2019年から2020年にかけて，The Walt Disney Companyの「Disney＋」，Warner Media, LLCの「HBO Max」，NBC Universal Media, LLCの「Peacock」と，相次いで米国大手メディア系の動画配信サービスが開始され，競争が激化している。

これらの事業者は，日本アニメと並んで実写や海外アニメーションを取り扱っている。これらに対し日本アニメに特化した配信事業者として存在感を示しているのが米国のCrunchyrollである。同社は2006年に設立され，もともと違法動画の投稿サイトであったものの，正規版配信サイトとなり，2010年にテレビ東京が出資し，2018年に米国のメディア・コングロマリットのWarner Mediaグループに入るなど，資本力が強化され，2020年12月には，ソニー傘下のFunimation Global Group, LLCが，買収した。世界200ヶ国以上でサービスを展開し，有料会員数は300万人，登録者数は9,000万人を突破した。同社もSVODを採用しており，日本のテレビ放映と時間差がないサイマル配信で世界各国にアニメを届けている。

このようにSVODが成長する中で，YouTubeによる無料配信も台頭しており，今後の成長が期待されている。無料なので，特に子どもを含む広い層に鑑賞されており，作品の認知度を高める効果がある。いまやその規模は映画やビデオパッケージを上回る動画配信市場であるが，そのビジネスは発展途上である。

4-3　インターネット配信の意義

近年海外市場が急激に成長した理由は，米国と中国において正規版の配信サ

イトが整備されたことが大きい。これまでアニメは海賊版により世界中に流通し，日本に収益が還元される状態ではなかった。日本側では，地道な海賊版対策を行っていたが，効果が限定的であるのに対し費用がかさむ状況であった。その状況を打破したのが，米国のCrunchyrollや中国のTencentといった現地の配信プラットフォーマー達である。アジア各国や南米等世界には，アニメは人気であるものの，未だに正規版配信のプラットフォームが整備されていない地域は多く，将来が期待される。

　中国は大手のアニメ関連企業にとって巨大市場であるが，政治的リスクが伴い事業継続性には懸念がある。世界の他地域からの売上の道筋が確保できれば，より安定したビジネス基盤を築くことにもなる。

　現在，日本にとって望ましい動画配信のビジネスモデルが確立されているとはいえない。グローバルな動画配信事業者の台頭により，制作者はこれまでのテレビアニメの制作費の2倍程度の配信権料を手にすることができるようになった。これは従来，テレビアニメ制作だけでは利益を出すことができずに，その後の二次展開でビジネス全体を成立させていたことを考えると大きな進歩である。

　しかしながら，そのメリットがある分，ビジネス上の制約があることも忘れてはならない。独占配信の契約期間は，数年，時には10年にも及び，その間は他の配信サイトでは配信できない。作品が人気となれば継続的にアニメを制作することになるが，そうでないとすぐに配信が打ち切られるだけでなく，他の配信サイトでは配信できない状態となってしまう。

　そしてテレビアニメに比して，特定の配信サイトだけでは，作品の認知度を高めることには限界がある。定時に放映されるテレビと異なり，いつでも視聴可能なオンデマンド方式はファン同士の一体感も醸成しにくく，ファンを育てる基盤とはなりにくい。アニメ関連商品に対する購買意欲までを持ったファンが生まれにくく，二次展開をしてもビジネスとして成り立ちにくい。製作委員会方式では，放送局等の強固なビジネス基盤を持つ企業が二次展開の調整役を担っていた。しかし，配信事業者と制作会社が直接契約する形態の場合，配信

事業者にとって二次展開はビジネス外であるため，制作会社にその営業能力が求められるわけだが，これを備えた制作会社は残念ながら少ない。

　アニメの制作環境をみてみると，現在インターネット配信が増えたこともあり，日本の制作能力のキャパシティに対して需要が上回り，人手不足となっている。輸出を増やそうとしても，そもそもの制作能力が限界に達している。従来から言われていることだが，制作費低減のために単純な制作工程を海外に委託していることから，日本では若手アニメーターが訓練を積む機会がなく，特に高度な技術を有するアニメーターが育たないという問題は，解決されないまま深刻化している。

　従来，アニメは映画，テレビを対象に制作されていたが，インターネットの発展と普及により，新たな動画配信という市場が誕生した。これは単に，アニメにもう1つの大きな販路が生まれただけでなく，アニメビジネス全体の変革をも促している。

　海外向けの3DCGアニメーション制作で長年高評価を得てきた株式会社ポリゴン・ピクチュアズは，近年その制作技術を活かした日本スタイルの作品を，日本の製作委員会方式で制作し，Netflixに配信権を販売して人気を博した。同社代表取締役塩田周三氏は，「人材，資金，制作技術等の条件が整えば，積極的に新たな市場を開拓していく」という（インタビュー［2020年10月13日]）。今後も新たなアニメーションビジネスの創出が期待される。

　テレビ東京は，日本からの番組の供給だけではなく，より現地に根差したビジネス展開のために，2020年2月に中国に共同制作のために新会社を設立した。そして，米国のCrunchyrollは日本から作品を買い付けるだけでなく，日本の製作委員会に出資も始め，より積極的にアニメ制作に関与するようになった。このように，単に日本市場向けに制作された作品を海外で輸出するといった形だけでなく，作品の内容，資金調達方法といった様々な観点からハイブリッドな形式が生まれている。

5　文化としての魅力が経済へ

　ここまでみてきたアニメ産業の現状から，本章の最後に改めて，その日本経済への役割をまとめておきたい。

　ここ10年で世界の産業構造は大きく変わった。世界の時価総額ランキングの変化をみると（図表6-7及び図表6-8），グレーの背景で示したIT企業が大幅に躍進していることがわかる。これらの企業は情報を財とする新しい事業に従事しており，その事業規模は従来型の産業より遥かに大きい。第1節で述べた日本が他国に比べてGDPの伸びが振るわない原因の1つにはこの情報産業の出遅れがある。このような時代にアニメ産業は日本経済の復活に寄与する存在なのだろうか。

　日本は明治から20世紀末までは，海外から資源を輸入する加工貿易により高度に経済を発展させてきた。しかしながら経済成長による人件費の高騰や発展途上国の技術力向上により輸出競争力が低下し，日本の経済優位性が崩れている。この状況を打破するためには，従来型産業の国際競争力の強化や，米国や中国に遅れをとった情報産業の育成が求められることはもとより，後追いではない日本固有の新たな産業の発展も望まれる。

　本章では，その産業の1つとしてアニメ産業の成長を考察してきた。アニメ自体が自動車や家庭電化製品と同様の産業規模になることは困難かもしれない。しかしながら，アニメに留まらず国際的な競争優位を保っているゲーム等，日本固有の文化に根差した産業は，他国と差別化することが容易である。日本のアニメ研究で知られる米国タフツ大学教授のスーザン・J・ネイピア（Susan Jolliffe Napier）は日本アニメの魅力について，「自国のポップカルチャーの意外性のなさに飽きているアメリカ人の心をとらえ，しかも普遍的なテーマや映像が非常に親しみやすい」（ネイピア［2002］pp.26-27）と米国文化との差を言及している。その規模では米国の映像産業には及ばないかもしれないが，世界で日本アニメはオリジナルの価値があるものとして存在している。

図表6-7 ▶世界時価総額ランキング（2010年6月末）

		時価総額 （10億ドル）	国	業種
1	エクソン・モービル	292	米国	石油
2	ペトロチャイナ	269	中国	石油
3	アップル	229	米国	情報通信
4	中国工商銀行	211	中国	金融
5	マイクロソフト	202	米国	情報通信
6	チャイナモバイル	201	中国	情報通信
7	バークシャー・ハサウェイ	197	米国	金融
8	中国建設銀行	189	中国	金融
9	ウォルマート・ストアーズ	180	米国	小売
10	ネスレ	177	スイス	食品

出所：日本経済新聞［2010］より筆者作成

図表6-8 ▶世界時価総額ランキング（2020年6月末）

		時価総額 （10億ドル）	国	業種
1	サウジアラムコ	1,741	サウジアラビア	石油
2	アップル	1,568	米国	情報通信
3	マイクロソフト	1,505	米国	情報通信
4	アマゾン・ドット・コム	1,337	米国	情報通信
5	アルファベット	953	米国	情報通信
6	フェイスブック	629	米国	情報通信
7	テンセント	599	中国	情報通信
8	アリババ	577	中国	情報通信
9	バークシャー・ハサウェイ	430	米国	金融
10	ビザ	372	米国	金融

＊サウジアラムコは2019年12月に新規上場。
出所：PwC［2020］p11より筆者作成

　そして，アニメ産業は他産業に対する波及効果が大きいこともみてきた。ア
ニメを輸出することは，これから派生するゲームやキャラクター商品の輸出に

正の影響を与えるだけでなく，その魅力は日本のブランドイメージを向上させ，一般製品の輸出にも寄与することが期待される。従前からある文化と経済は別ものという考えに反して，情報技術の進歩で文化商品が大量に販売可能となった現在において，コンテンツを始めとした文化産業の成長は著しい。

これは筆者の印象であるが，過去においては勿論，現在に至っても一般にアニメに対して産業としての期待は大きくないと感じている。人々の産業に対する意識は，未だに物の生産，流通，販売であるように認識している。しかしながら本章でみてきたように，アニメは日本オリジナルの文化商品として，いくつかの問題を抱えながらも，海外市場は着実に成長しており，情報産業の支援もあり，今後も成長は期待できそうである。

＊本章執筆のために，下記の通りのインタビューを行った。

日時：2020年10月13日㈫　15時～16時30分

訪問先：株式会社ポリゴン・ピクチュアズ　代表取締役　塩田周三氏

場所：同社本社（東京）

同社は，高品質の3DCGを長年国内外向けに制作し，日本のデジタルアニメーション製作会社として独自のポジションを築いている。通算5度エミー賞も受賞している。

日時：2020年10月20日㈫　14時～15時20分

訪問先：株式会社テレビ東京アニメ・ライツ本部国際事業室長 兼アニメ局専任局長　斉木裕明氏

場所：同社本社（東京）

同社はテレビキー局の中で最もアニメに力を入れており，中国等海外へ積極的に事業を展開している。アニメの放映本数は週当たり30本以上にも及ぶ。

日時：2020年10月19日㈫　13時～14時30分

訪問先：株式会社ぴえろ　代表取締役社長　本間道幸氏

場所：同社本社（東京）

同社は，大手のアニメ製作会社（元請）で，自社で多メディア展開やマーチャンダイジングも手がける。代表作は，『NARUTO』，『BLEACH』，『おそ松さん』等。

＊「3　アニメ輸出の課題——ローカライゼーション」の一部は，公益財団法人放送文化基金の平成26年度および27年度の研究助成を受けた成果である。ここに謝意を表する。

■ 引用・参考文献 ────────────────────────────────

【日本語文献】
　一般財団法人デジタルコンテンツ協会編［2020］『デジタルコンテンツ白書2020』.
　一般社団法人日本動画協会［2019］『アニメ産業レポート2019』.
　一般社団法人日本動画協会［2020］『アニメ産業レポート2020』.
　井上昌也［2019］「ネットフリックス，1年で「WOWOW超え」のなぜ」『東洋経済ONLINE』11月17日 https://toyokeizai.net/articles/-/314244（2020年10月1日確認）
　内田真理子［2006］「日本のコンテンツ政策に関する考察 –政策の多面性と産業重視に至る背景–」『文化経済学』第5巻1号, pp.39-47.
　株式会社インプレス［2014］「「ドラえもん」のアニメ英語版が，全米で初放送」AV Watch http://av.watch.impress.co.jp/docs/news/647840.html（2020年10月1日確認）
　株式会社テレビ朝日［2014］「「ドラえもん」，遂にアメリカで放送決定！　～ローカライズした英語版アニメを，全米で初放送～」http://company.tv-asahi.co.jp/contents/press/0302/data/20140512-doraemon.pdf（2017年1月31日確認）
　小泉真理子［2017］「コンテンツのローカライゼーション・フレームワークに関する研究：米国の日本アニメビジネスを基に」『文化経済学』第14巻2号, pp.20-32.
　公益財団法人矢野恒太記念会編［2020］『世界国勢図絵2020/21』.
　厚生労働省［2009］『平成21年版 労働経済の分析』https://www.mhlw.go.jp/wp/hakusyo/roudou/09/（2020年10月1日確認）
　スーザン・J・ネイピア［2002］『現代日本のアニメ『AKIRA』から『千と千尋の神隠し』まで』中央公論新社.
　財団法人デジタルコンテンツ協会編［2006］『デジタルコンテンツ白書2006』.
　総務省［2020］「放送コンテンツの海外展開に関する現状分析（2018年度）」https://www.soumu.go.jp/main_content/000691007.pdf（2020年9月1日確認）
　知的財産戦略会議［2002］「知的財産戦略大綱」https://www.kantei.go.jp/jp/singi/titeki/kettei/020703taikou.html（2020年9月1日確認）
　電通メディアイノベーションラボ編［2020］『情報メディア白書2020』ダイヤモンド社.
　内閣府［2020］『国民経済計算（GDP統計）』https://www.esri.cao.go.jp/jp/sna/menu.html（2020年10月1日確認）

日本経済新聞［2010］「時価総額上位1000社，6月末，資源関連，景気懸念で退潮，アップル，3位躍進」2010年7月14日朝刊．

日本放送協会［2008］「日本とアメリカ 第2回 日本アニメ vs ハリウッド」『NHKスペシャル』2008年10月27日放送．

増田弘道［2016］『デジタルが変えるアニメビジネス』NTT出版．

山口康男［2004］『日本のアニメ全史』テン・ブックス．

山崎健太郎［2020］「Netflix，日本で有料会員数500万人突破。約1年で200万人増」AV Watch https://av.watch.impress.co.jp/docs/news/1275420.html（2020年10月1日確認）

【英語文献】

Klebnikov, Sergei［2020］Streaming wars continue: Here's how much Netflix, Amazon, Disney+ and their rivals are spending on new content. *Forbes,* May 22, 2020. https://www.forbes.com/sites/sergeiklebnikov/（2020年10月1日確認）

PwC［2020］Global Top 100 companies by market capitalisation. https://www.pwc.com/gx/en/audit-services/publications/assets/global-top-100-companies-june-2020-update.pdf（2020年10月1日確認）

（小泉　真理子）

第7章 効率的フォーマット開発と日本の可能性

　おもしろい番組を開発する方法。そこに王道はないのかもしれない。

　しかし，より効率的な方法を検討することは可能だろう。そうした試みの大きなヒントとなりうるのが，フォーマット（TVフォーマット，番組フォーマットなどとも呼ばれる）についての研究だ。フォーマットは世界で売り買いされる番組の型である。わかりやすい例がフジテレビで放送された『クイズ$ミリオネア』だろう。これはイギリスの番組 *Who Wants to Be a Millionaire?* がフォーマットとして世界展開したものの日本版だ。1998年に作られたこのフォーマットは世界120カ国に展開している（Sony Pictures Television [2018]）。

　フォーマットを使って制作された番組の制作費の総計は2008年だけで年間およそ32億ユーロである（FRAPA [2009] p.17）。そのうちの一部がFormat Feeとして権利者の収入となる。自分が生み出した〈おもしろい〉が世界を駆け巡り，収入にもなるこの魅力的な市場で成功しようと，今この瞬間も世界中のクリエイターがアイデアを競い合っている。そこには世界展開を視野に入れた効率的な開発方法があるに違いない。本章では，フォーマットビジネスで活躍する企業関係者やクリエイターへの調査を通して効率的なフォーマット開発の方法を明らかにする。また，それらの方法の日本での応用可能性についても検討する。

　本章は筆者による修士論文「Developing Successful TV Formats for Global Distribution: In Relation to NHK」[1] でのインタビュー調査[2] などの資料を使用し再構成したものである。

1 背景

1-1　フォーマットとは？

　フォーマットを説明しようとすると，例えば*All Together Now*なら「スタジオにいる100人の審査員が立ち上がることで投票する音楽エンターテインメント」，*Gogglebox*であれば「自宅でテレビを見ている一般人が番組に言いたいことを言う姿を見る番組」というように，それは出演者の名前などの具体的な表現ではなく抽象的な表現で説明される。このことから，抽象的に構造が説明可能ということがフォーマットに共通の特徴といえるだろう。しかしここでは，オールVTRのドキュメンタリー，アナウンサー１人が紹介するニュース，ひな壇の出演者に情報を解説するスタジオ番組など，抽象的に説明できる番組のすべてを議論するわけではない。そこでまず，本章で対象とするフォーマットとはなにかを明確にする。

　フォーマットの定義の１つが「許諾によって海外販売することを目的として体系化された情報により，もとの特性を維持しながら番組を再制作する，一連の指示および権利」（Watanabe［2013］p.6）というものだ。この定義に基づき，本章は対象とするフォーマットを，①海外展開しているもの，またはそれを目指しているもの，②番組の特徴を生かして再制作できるように体系化された情報を備えているもの，③主張できる権利を備えているもの[3)]，と位置づけて議論するものとする。

1-2　なぜフォーマットが販売・購入されるのか

　販売する側の視点では，フォーマットビジネスの目的は収入だ。一般的な商慣習では，通常のフォーマット販売の場合，制作費の５－７％を権利者と配給会社が受け取ると考えられている。そのうち30％を配給会社に，70％を権利者

に配分するのが一般的だ（FRAPA［2009］p.18）。この収入は一般的に Format Feeと呼ばれていて，たとえ開発された国での放送が終わっていても，どこかで継続放送されている限り入り続ける。Warner Bros. International Television Productionのセールス・ディレクター，グレアム・スペンサー（Graham Spencer）はこの点に注目し，販売先での継続的な採択をフォーマットにとっての成功と位置づけている（Eメール　2013年 7 月11日）。

　一方購入する側はなぜ支払ってまでライセンスを受けるのか。無断で模倣すればいいのではないかという疑問も生じる。この点，アルバート・モラン（Albert Moran）は，フォーマットを購入することの利点と模倣することのデメリットを紹介している。

　まずイギリスのコメディフォーマット・*Room 101*のガイドブックを参考に，購入する利点として，①まとまった資料を利用して成功例を再現できること，②演出の試行錯誤がすでに行われていてリスクが最小化されていること，③購入側のニーズに合わせて制作できるように多くの情報がパッケージされていることをあげた。また，模倣のデメリットとして，⑴模倣した場合には高額の訴訟となる可能性があること，⑵模倣することでプロデューサーはフォーマット市場での自身の評価を下げ，将来的に他のフォーマット所有者から取引を拒否される事態につながりかねない，という点をあげた（Moran［1998］pp.15-21）。

　フォーマット購入は，模倣によって発生する初期費用や訴訟コスト，評判低下によるデメリットを考えると，支払いをしたほうがむしろ安上がりである，という判断で成り立っているといえる。

1-3　フォーマットの国際マーケット

　ジャン・シャラビー（Jean K. Chalaby）は，フォーマットビジネスの成長に，有力企業の登場やヒット・フォーマットの成功などが影響したとする（［2016］pp.19-50）。世界ではじめてフォーマットとして国際販売されたテレビ番組は，

アメリカCBSの*What's My Line?*（1950年放送開始）で，BBCに販売され1951年から同じタイトルで放送された。その後1990年代にフォーマットの国際市場は拡大する。そこには，*Big Brother*を開発・展開したEndemolや後にFremantleMedia[4]となるPearson Televisionなどの国際的な企業が登場したという供給側の要因と，各地で誕生した新しい放送局の制作力不足などによる需要の拡大が影響したという。

その後，スーパー・フォーマットと呼ばれる4つのフォーマット*Who Wants to Be a Millionaire?*, *Survivor*, *Big Brother*, *Idols*が登場し世界各地で展開された。これがコンセプトを購入することの利益を放送事業者に示し，フォーマットビジネスはテレビ産業の中で重要な地位を占めるようになったという。

米英間の取引から始まったフォーマットビジネスは，その後も欧米を中心に展開してきた。4つのスーパー・フォーマットも，*Who Wants to Be a Millionaire?*, *Survivor*, *Idols*はイギリス，*Big Brother*はオランダで開発されたものだ。フォーマットを使った番組の制作費を2006年から2008年の期間で集計した結果では，世界シェアの1位はイギリスで34%，2位がオランダで18%，3位がアメリカで16%であり欧米発のフォーマットが大部分を占めている（FRAPA［2009］p.17）。

近年ではイスラエルのArmoza Formatsと中国のJSBCが共同で開発した*I Can Do That*が36のエリアに展開した例もあり[5]，非欧米諸国から生まれたフォーマットへの注目も集まっている。2020年には韓国MBCが展開する*The Masked Singer*が，ヒットフォーマットに贈られるInternational Format AwardsでBest Returning Format賞を獲得した（C21Media［2020］）。

*The Masked Singer*は出演者が仮面をかぶったまま歌唱力を競う勝ち抜き歌番組で，韓国では5年以上放送されている人気番組だ。顔が見えないまま歌唱力を競う演出にはリスクがあると思われている中，そうした不安を打破した番組として関心を集めたと言われている（長谷川［2019］p.14）。

1-4　日本とフォーマット

　大場によると，日本は国際的にみても比較的早い時期からフォーマット購入を開始した（[2019] p.17）。1970年代にはアメリカの*Family Feud*を購入した『クイズ100人に聞きました』（TBS）や同じくアメリカの*Celebrity Sweepstakes*を購入した『クイズダービー』（TBS）の放送が始まった。フォーマットビジネスが世界的に拡大するのが1990年代であるにも関わらず，1970年代には対価を払ってフォーマットを購入していた日本のテレビ制作者の世界の商習慣に対する認識は評価に値するという。

　2000年代初めにはイギリスの*Who Wants to Be a Millionaire?*を購入した『クイズ\$ミリオネア』（フジテレビ）が放送された。2019年にはアメリカの*Are You Smarter than a 5th Grader?*を購入した『クイズ！あなたは小学5年生より賢いの？』（日本テレビ）も定時番組となるなど，日本ではクイズ番組フォーマットの定着が目立つ。その他のジャンルではイギリスの*Undercover Boss*を購入した『覆面リサーチ　ボス潜入』（NHK）などのファクチュアル・エンターテインメントでも例がある。近年では韓国の『サイン』（テレビ朝日）や『グッド・ドクター』（フジテレビ），アメリカの『グッドワイフ』（TBS）などのドラマの購入も盛んだ。

　日本は輸出でも歴史がある。TBSは1985年に『わくわく動物ランド』を*Wakuwaku Animal Land*として韓国に，日本テレビは『クイズ世界はShow by ショーバイ!!』を*Show-by Show-by*として90年前半にイタリアに販売し，その後スペイン・香港・タイなどにも展開した。フジテレビも『料理の鉄人』を2001年に*Iron Chef USA*としてアメリカに販売した。

　フォーマットを使って制作された番組は販売先でローカライズされるため日本の香りがほとんど無くなる。そのため日本にとってフォーマットは欧米への輸出において非常に効果的な方法とも考えられる（Iwabuchi [2004] p.29）。

　しかし，国際マーケットでの日本の存在感は大きくない。イギリスなどで展開された『¥マネーの虎』（日本テレビ）のような実績もあるが，前掲の2006-

2008年間の制作費集計で日本のシェアは2％だ（FRAPA［2009］p.17）。そうした中，日本のフォーマットの展開を進めるために日本企業は2012年から共同で売り込みを行ってきた。毎年春に行われるテレビの国際見本市MIPTVとともに開催されるMIP Formatsで，日本企業はTREASURE BOX JAPANというイベントを開催し各社売り出し中のフォーマットを一斉にプレゼンしている。

図表7-1 ▶TREASURE BOX JAPANで発表された日本フォーマット（2019年）

Beat the Rooms	Nippon TV
Endless Pranks	FUJI TV
High School 3-C!	TV Tokyo
Bukkomi Fake Busters	TBS Television
Brain Poker	YTV
Sweet Kiss Bitter Kiss	TV Asahi
Golden Spoon: Mama is the Best!	ABC Japan
Cinderella Network	NHK/NEP

出所：MIP MarketsのTwitter投稿をもとに筆者作成[6]

　図表7-1では2019年の参加企業と発表されたフォーマットをまとめた。このラインナップから，日本のフォーマット展開では放送局が主なプレイヤーであることに加え，在京以外の局も展開を行っていることがわかる。

　ローカル放送された番組にとってフォーマットは大きなチャンスともいえる。例えば，国内では有名芸能人の出演がかなわなかったローカル番組でも，フォーマット展開すれば出演者は現地の芸能人に置き換わる。オリジナル番組での出演者の知名度不足や地方放送であることが不利な要素ではなくなるのだ。フォーマット展開では，地方局が一気に世界へ進出する可能性もある。

2　フォーマットの開発方法

「プロのシェフがイヤホンからの指示だけで素人に料理を作らせる料理エン

ターテインメント」*Chef In Your Ear*などを生み出したThe Format Peopleは，フォーマットの開発や配給のサポートを行うコンサルティング企業だ（The Format People［2020］）。そこでチーフ・クリエイティブ・オフィサー＆パートナーを務めるジャスティン・スクロギー（Justin Scroggie）は，フォーマットの開発に携わる人がすべきこととして，テレビを多く見ること，テレビの外の世界を知ること，多様な月刊誌に目を通すことをあげるとともに，アイデア創出のための特有の技法を用いることをあげている（インタビュー［2013年4月26日］）。そのような創出の技法を明らかにするため，Watanabe［2013］では，世界シェア最大の国・イギリスを中心にクリエイターや企業関係者に調査を行った。

2-1　発案の技法

2-1-1　マーケティング主導でのアイデア開発

　流行を調査することでアイデアを生み出した実例がある。イギリスのプロデューサー，アダム・アドラー（Adam Adler）は，英国アカデミーBAFTA（The British Academy of Film and Television Arts）のゲームショー部門を受賞した*The Cube*のクリエイターだ（GAMEFACE TV［2020］）。彼はある番組の開発について以下のように語っている。

5年ぐらい前に，スイカの爆発と刀でボトルを切る場面のスロー映像を見たんです。それがすごく面白くて，多分10回ぐらい見ました。その時，この技術をフォーマットにしたら刺激的な番組なると思ったんです。昨日もYouTubeをのぞいたら，同じような映像が1,700万再生，ボトルを切る映像も1,300万再生されていました。
（番組披露イベントでの発言［2013年6月13日］）

　彼はこのようなネット動画の流行をもとに，ゲームショーのフォーマット

Reflex（BBC One）を開発した。番組では一瞬の動きのため肉眼では判別不可能な競技で対戦を行う。これをハイスピードカメラで撮影して，その映像をスロー再生して勝敗を判定する。競技には「ガラス板に一斉に突撃し，先に突き破った者が勝ち」などといった炸裂映像を伴うものもあり，映像はネット上で彼が見たと語っているものに近いものとなっている。*Reflex*は流行を調べることで開発につなげるマーケティング主導の開発の有効性を示す一例といえる。

2-1-2　ファクトベースでのアイデア開発

　テレビのニュースや新聞記事などで触れた事実をフォーマットのアイデアにつなげる方法も取られている。イギリスのプロデューサー，スティーブン・ランバート（Stephen Lambert）は，フォーマット産業で大きな功績を残した個人に贈られるFRAPA Format AwardsのInternational Formats Gold Awardを2013年に受賞した著名なクリエイターだ。彼は*Wife Swap*と*Undercover Boss*の2つのフォーマットを事実に基づいて生み出している。*Wife Swap*は2つの家族で主婦・母，または夫を2週間入れ替え，そこで巻き起こるドタバタを撮影する番組。*Undercover Boss*は企業や組織のトップが変装して現場に潜入し，組織の本当の姿を見ていく番組だ。これらの番組の発案について彼は以下のように語っている。

*Wife Swap*は，看護師の女性と弁護士の女性の収入や支出を比較した新聞記事がもとになっています。会社のスタッフと朝ご飯を食べながら，弁護士のお金を看護師が使って看護師のお金を弁護士が使うことになったらおもしろい，なんて話したんです。最初はお金についてのアイデアから始まりました。

（中略）

*Undercover Boss*についてはこうです。ブリティッシュ・エアウェイズ専用のロンドン・ヒースロー空港の第5ターミナルがオープンしたとき，荷物がちゃんと届かないなどの不手際が発生しました。そこで多くの記者がブリティッシュ・エアウェイズの社長に詰め寄ったんです。そのとき記者の1人が社長に

「最後にお金を払ってブリティッシュ・エアウェイズに乗ったのはいつです
か？」と聞きました。すると彼は「みんなが私に気づいてしまうので，そんな
ことはできなかったんです」と答えました。でもそれを見ていた私は，周囲は
彼に気づかないはずだと思ったんです。それで，会社のボスが普通のお客さん
のふりをして現場に行ったらおもしろいと思いついたんです。普通の社員のふ
りをして潜入するならもっとおもしろいと思いました。（インタビュー ［2013
年 4 月29日］）

　これらのケースは，事実をもとにしたファクトベースのフォーマット開発の
有効性を示している。この方法では事実をキャッチするアンテナも重要だが，
その点で注目したいのはランバートの経歴だ。彼はキャリアをBBCでスター
トし，その後15年にわたりドキュメンタリーを作り続けた（Studio Lambert
［2020］）。エンターテインメントで実績の多い彼だが，経歴からみると事実に
向き合い続けた制作者だ。彼のキャリアと実績は，事実取材の経験がフォー
マット開発に有効といえる実例の 1 つだろう。

2-1-3　ブレンドによるアイデア開発

　既存のフォーマットを組み合わせてアイデアを生み出す方法もある。これは
いわば番組コンセプトのブレンドによる開発ともいえる。ランバートは2013年
に放送した*Million Second Quiz*（NBC）の開発についてこう語る。

　私たちは*Who Wants to Be a Millionaire?*と*Big Brother*を組み合わせようと
考えたんです。アイデアは 2 つか 3 つの既存の番組を組み合わせることで生ま
れることがよくあります。異なった種類の番組をあげて組み合わせてみるとど
うなるか，ブレストするのも 1 つの方法でしょう。ひどいアイデアになること
もありますが，なんならほとんどはひどいアイデアに終わりますが，たまにい
いアイデアにつながるんです。
（インタビュー ［2013年 4 月29日］）

*Who Wants to Be a Millionaire?*は，司会者と回答者が1対1で出題と回答を繰り返す中で緊張感が生まれるクイズ番組，*Big Brother*は男女の共同生活を観察するリアリティショーだ。ランバートはこの2つの番組のコンセプトを組み合わせ，司会者から出されるクイズに答え続ける様子を長時間観察する番組として*Million Second Quiz*を生み出した。

2-1-4　発案の技法における発見

　マーケティング主導，ファクトベース，ブレンドの方法では，流行やニュース，既存番組などの情報が必要だ。このことから〈取材力がフォーマット開発に有効に機能する〉と考えられる。また開発の過程では，流行や事実をそのままフォーマットにするのではなく，①具体的な事例から抽象的な意味合い（コンセプト）を抜き出し，②それを少しだけ具体化して〈構造は具体的だが要素は抽象的〉な段階にあるフォーマットにするという，具象・抽象間を巧みに移行させる思考が見られた。

　例えば*Undercover Boss*では，ヒースロー空港のニュースでブリティッシュ・エアウェイズの社長が社員に顔がわかってしまうと発言したこと〈具体的な事例〉→組織のトップは現場で気づかれない〈抽象的な意味〉→顔を隠してボスが潜入するフォーマット〈構造は具体的だが要素は抽象的〉というように，具象→抽象→フォーマット化という思考が行われていたといえる。フォーマットの構造作りでは，具象からどんな抽象を見つけ，それをどう具体的な構造に作り上げるかがポイントとなる。一方で既存フォーマットを組み合わせるブレンドでは，既存フォーマットの構造から抽象的意味合いを取り出すという逆の流れが行われる。フォーマットの発案では抽象・具象の間の行き来の思考からアイデアを生み出す方法がとられているといえる（参考：図表7-2）。

図表7-2 ▶ フォーマット開発における抽象性と具象性

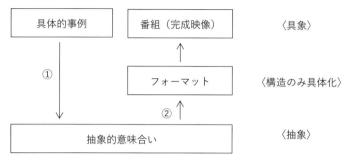

筆者作成

2-2　構造分類に基づいたフォーマット開発

　アイデア自体の発案とともにフォーマットの開発を効率化すると考えられるのが，フォーマットの構造に着目する方法だ。ランバートはフォーマットの構造を連続性及び時制で分類する方法を提示した。まず，連続性の観点から以下のように語っている。

　アーク（Arc）型の番組には2つの始まり・中盤・終わりがあります。シリーズ全体に始まり・中盤・終わりがあり，各回にも始まり・中盤・終わりがあります。*Survivor*や*Big Brother*, *American Idol*, *Dancing with the Stars*などの大型競争系番組はどれもアーク・シリアル（Arc Serial）で，各回は分離していません。各回はすべて次につながっているのです。*Undercover Boss*や*Wife Swap*などはどの順番でも放送できますが，アーク型の番組では初回は初回，第2回は第2回でなければなりません。
（インタビュー［2013年4月29日］）

　この視点から，一方にアーク・シリアル型，他方に各回が独自で閉じている型，言わばクローズド・エピソード（Closed Episode）型を置く，連続性での

軸を設定することができる。

　続いてランバートは時制の観点から以下のように語っている。

ここまでの話はPresent Tense Programme（現在形番組）についてであって，Past Tense Programme（過去形番組）について話せていませんでした。過去形では，すべては過去に起きたことなので，始まり・中盤・終わりを見つけることもできるし，どの点をそれぞれに定めるか自分で決めることもできます。（中略）または現在と過去を混ぜ合わせることも可能です。過去のある時点から始まり，さらに以前に戻った時点の出来事を語ったのち，これから起きることを描くこともできるでしょう。
（インタビュー［2013年4月29日］）

　歴史ドキュメンタリー番組は過去形番組の典型例だろう。一方，*Undercover Boss*や*Secret Millionaire*，*Big Brother*など，これから発生する事象を描くも

図表7-3 ▶ 連続性と時制によるフォーマット配置

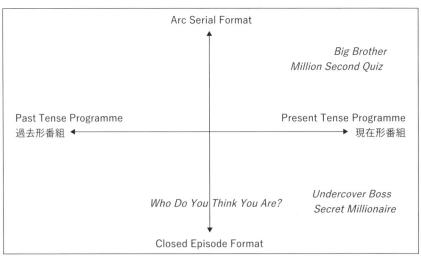

筆者作成

のは現在形番組の例だろう。出演者が自身の先祖をたどっていく*Who Do You Think You Are?*は，過去の出来事と出演者の現在の動きで構成する混ぜ合わせの例と考えられる。この視点から，一方に現在形番組，もう一方に過去形番組をとる時制での軸が設定できる。

　図表7-3では，縦軸に連続性，横軸に時制を設定した。それぞれの方向にはメリットとデメリットがあり，番組やフォーマットの強みや弱みを検討することが可能だ。

　アーク・シリアル構造のメリットは，回を追うごとに盛り上がり最終回での高視聴率や大スター誕生などが期待できる点だ。一方，初回が終わらないと第2回の制作ができないことや，全体での情報共有が必要で複数の制作会社での分業に向かないこと，途中で失敗が見えてきても簡単には終了できないことなどがデメリットだ。購入する側にとっても，設計された回数すべてを放送する必要があるとすればハードルが高くなるだろう。クローズド・エピソードのメリットは，試しに1回だけ放送してみることも可能である点，回ごとに独立しているので複数の制作会社で分業しやすい点，どの段階でも終了できる点だ。一方デメリットは，回を追っての熱狂的な盛り上がりが期待できないことがあげられる。

　過去形番組のメリットは，制作者自身が始まりと終わりを設定できるため完成度が予測可能な点だ。しかし制作者に高い取材力や構成力が要求され，準備に時間がかかるというデメリットもある。一方現在形番組のメリットは，事前の準備が少なくて済む可能性があること，制作者の予想外の展開が番組を想像以上におもしろくする可能性がある点だ。しかし本番が盛り上がらないリスクや，制作者に柔軟な制作力が求められることなどがデメリットだろう。

　この図を使った検討はいくつかの場面で有効と考えられる。まずフォーマットを開発する場面では，フォーマットをこの図のどこに置くように設計するか検討することができる。また，既存番組をフォーマット化する際にも役に立つだろう。既存の番組はすべてこの図のどこかに位置づけることができるが，それを戦略やニーズに合わせてずらしていくことでフォーマットの調整が可能だ。

例えば，購入側のハードルを下げるためにアーク・シリアル構造からクローズドに変更する，取材よりも演出に強いと思われる放送局に合わせて現在形の要素を増やす，などの構造の移動を検討しやすい。

3　チームでフォーマットを開発する

　開発に特化したチームを結成することでフォーマットの開発に取り組むケースがある。C21Media［2002］によれば，Granada内のGreenhouseというチームには3人のアイデア作りの専門家が所属し*Boot Camp*をはじめとする50以上のフォーマットを開発した（Moran［2006］p.35）。

　ゲームショーのクリエイターであるデービッド・ボディコム（David J. Bodycombe）は，そうした開発の組織には3つのタイプがあると指摘している。1つ目はイギリスのChatterboxのようにspecialist limited companiesと称されるフォーマット開発に特化した企業である。2つ目は大手メディア企業内でフォーマット開発と放送局や制作会社への販売までを行うspecial unitと呼ばれるもので，FremantleMediaのIgnitionやLWTのThe Hot Houseがその例である。3つ目は放送局内部の新しいアイデア作りに専念する部署で，例としてはBBCのThe Format Factoryがあげられる（Bodycombe［2002］p.10）。ここでは企業内の専門チームである2と3のケースに注目し，FremantleMediaのIgnitionとBBCのThe Format Factoryについてその活動とチーム編成を明らかにする。

3-1　FremantleMediaのIgnition

　2000年から2003年までIgnitionのトップを務めたショーン・カークガード（Sean Kirkegaard）によると，Ignitionは6つのフォーマットを生み出し，イギリス，アメリカ，ヨーロッパ，アジアの地域に展開した。Ignitionの特徴の1つは，あらかじめ特定のエリアにターゲットを定めて開発を行った点だ。彼

らはアメリカ，イギリス，ヨーロッパの主要な国に注目し，現地の放送局と話し合うことで現地のニーズや流行を把握し，それをもとに現地版パイロットなどの提案資料の準備を進めた。そうしてできた提案を，まずはアメリカの放送局にプレゼンしたという。（メッセージ［2013年7月23日］）

　チームのメンバーはカークガードを含む5人で彼以外のメンバーは「クリエイティブ・チャレンジ」と名づけられた，カークガード自身が出題する課題に答える面接で選ばれた。候補者は評判をもとに彼みずから探すとともに，Media Guardianに広告を出して広く募集も行った。そうして見つけた候補者に2度の面接を行ってメンバーを決定したと言う（メッセージ［2013年7月25日］）。その面接で行われたクリエイティブ・チャレンジの課題について彼はこう語る。

例えば，具体的な番組を例に有名人をどう生かせばいいかオリジナルの案を3つ考えてくださいとか，自身が最近見た映画を題材に新しいゲームショーを作ってくださいという出題です。（メッセージ［2013年7月25日］）

　結果的に選ばれたメンバー全員が業界経験者となった。そのうちの1人は基礎的なテレビ制作のわずかな経験しかない女性だったが，後にフォーマットの開発プロデューサーとして業界で成功を収めたと言う。

　Ignitionのメンバーには，トップのカークガードによる同じクリエイティブ・チャレンジを経て選ばれたという共通点がある。この点からこのタイプのチーム編成を共通条件型と呼ぶことができるだろう。FremantleMediaのIgnitionは共通条件型の成功事例と位置づけられる。

3-2　BBCのThe Format Factory

*Weakest Link, Dancing with the Stars*などのヒットフォーマットを開発したBBCのThe Format Factoryはプロデューサーのジョナサン・グレイジャー

（Jonathan Glazier）によって創設された（Eメール［2013年6月22日］）。Ignitionとは違いThe Format Factoryでは，TV業界の未経験者を意図的に取り入れた。グレイジャーによると，チームはトップ1人，テレビ経験がある年長者を2人，テレビ経験は浅いがアイデアを出すポテンシャルがありそうな人を2人，そしてテレビとは関わりがない外部の変わり者を1人加え，合計6人で構成したと言う（Eメール［2013年7月9日］）。このいわば段階的経験値型の構成の意味について，グレイジャーは以下のように語っている。

エンターテインメントの開発はアイデアをひらめくことですが，ひらめいた後にそれを構造，つまりフォーマットに作り上げないといけないのです。ここではクリエイティブのセンス以上に方法が重要になってきます。空想家や芸術家は新型のフェラーリを思いつけるかもしれませんが，それを速く走らせるのには技術者が必要です。（Eメール［2013年7月9日］）

　The Format Factoryでは，外部の未経験者のアイデアを，経験のあるメンバーがフォーマットとして作り上げていったと考えられる。BBCのThe Format Factoryは段階的経験値型の成功例と位置づけられる。

4　バイブル

　フォーマットが国際展開するためには〈体系化された情報と，一連の指示〉が必要だ。この役割を担うのがプロダクション・バイブル，またはバイブルと呼ばれる資料である。バイブルは番組制作におけるレシピにたとえられる（European Broadcasting Union［2007］p.3）。レシピがあれば場所や料理人が変わっても同じ料理を繰り返し作ることができるように，バイブルを使うことで，世界中で同じような番組を制作することが可能になる。

4-1　バイブルの構成要素

　バイブルは詳細なほど販売が成功しやすいとも言われる。モランは，ともにイギリス発の*Room 101*と*In The Dark*，2つのフォーマットのバイブルを比較した。英国内でのみ放送され国際的には展開しなかった*Room 101*のバイブルは58ページで文章量が少なく空白も多いのに対し，27か所に国際展開した*In The Dark*のバイブルは手書き資料も添えられた196ページにわたる詳細なものだった（Moran［2006］pp.60-64）。バイブルに掲載する要素について，All3Media Internationalの代表取締役副社長，ステファニー・ハートグ（Stephanie Hartog）は，筆者に提供した資料の中で図表7‐4のような18項目をあげてい

図表7‐4 ▶バイブルに掲載する要素例

1	要約／フォーマットの重要なポイントと様式の詳しい説明
2	最初の提案資料（あれば）
3	番組の構成
4	番組の決まり事
5	プレプロ・ポスプロのタイムテーブルを含んだ制作スケジュール
6	ロゴ（あれば）
7	タイトル音楽（可能ならCD付）または推奨する音楽などの関連情報
8	セットデザイン
9	セットの仕様（関連があれば推奨されるサイズも）
10	技術仕様（カメラなどのリストやその他特段必要なもの）
11	コンピュータのソフトウェアやハードウェアの情報 権利が取得されているソフトウェアの詳細情報（関連があれば）
12	予算内訳の詳細
13	クルーリストのサンプル
14	オリジナル番組を参考にしたホストのガイドライン（選び方）
15	出場者・参加者・撮影地などのキャスティングガイドライン
16	例題
17	台本サンプル
18	出場者・参加者・撮影などの許諾書サンプル

出所：Stephanie Hartog提供の資料（2013年）をもとに筆者作成

る。

　これらの要素は，それらを用意する視点で見ると，いくつかに分類ができる。まず①オリジナル番組を自国で放送することに連動して用意されるもの。番組の構成，番組の決まり事，ロゴ，タイトル音楽，セットデザインなどがこれに当たるだろう。次に②自国で放送するだけの場合は必要がないためバイブル用に追加で必要になるもの。フォーマットの重要なポイントや，クルーリストのサンプル，ホスト選考のガイドラインやキャスティングのガイドライン，例題などがこれにあたるだろう。注意が必要なのが③自国で放送するだけの場合にはある時点で必要がなくなるため意図的に残しておく必要があるものだ。最初の提案資料はこれにあたるだろう。

　各要素がどれに分類されるかは番組ごとに異なるだろうが，すべての要素が①として簡単にそろえられるとは限らない。それに加え，そろえられた要素を海外の他社が使用できるような言語と文脈で整える必要がある。そこにはバイブルの作成という作業が発生する。

4-2　バイブルを誰が作るのか

　バイブルをどの部署，または誰が作成するのか。そこには大きく分けて，①オリジナル番組の制作者が作成する場合と，②制作者とは別の部署が作成する場合がある。All3Media Internationalでは，ハートグが以下に語るようにオリジナル番組の制作者が作成する方法をとっている。

すべてのエンターテインメント番組で，資料作成はプロデューサーが行います。担当プロデューサーは激務ですが，番組進行中ないしは放送直後に，誰かが責任を持って全情報を資料化する必要があります。私たちは，プロデューサーがシリーズ終了後すぐに制作方法のすべてを記載したバイブルを書くという方法をとっています。（インタビュー［2013年4月25・26日］）

　一方，同じく大手の配給会社であるFremantleMediaやSony Picturesでは制作部署ではない別の部署で作成する方法をとっている。Sony Pictures Entertainmentのインターナショナル・フォーマット・プロデューサー，トレイシー・ジーン（Tracy-Jean）はその部署をCentral Teamと呼び，役割を以下のように語る。

大企業は特定の国やジャンルについて経験豊富なプロデューサーで形成されるCentral Teamを編成する傾向があります。オリジナル番組のプロデューサーの仕事は自国で番組を作ること。購入する制作者が求める情報を抜き出して他国で制作するための型を作るのはCentral Teamの仕事です。さらに，相手の国との文化の違いに注意を払うことも彼らの役割です。
（インタビュー［2013年5月9日］）

　しかしCentral Teamで行う場合，情報の収集がスムーズに進むとは限らない。韓国・tvNのコンテンツ・フォーマッティング・スペシャリスト，インスン・キム（InSoon Kim）はContent Innovation Teamと呼ばれるCentral Teamで実際にバイブルの作成を行った。担当プロデューサーではない彼女は，全エピソードを見ることに加え，担当プロデューサーへの情報収集も行ってバイブルを作成した。そうした経験をふまえ，彼女はバイブル作成について制作チームとCentral Teamを結ぶ人材の必要性を強調している（Eメール［2013年7月22日］）。

　オリジナル番組の制作者が作成する場合は制作者への負担が大きいが，情報が正確になることや，海外向けの情報をまとめる過程が制作者の国際感覚を養うことにもつながるといった利点があるだろう。一方，制作者とは別の部署が作成する場合，バイブルの品質は安定する可能性が高い。しかし情報収集が困難だったり，オリジナルの制作者にとってフォーマット展開が他人ごとになったりする可能性がある。バイブルを作成する方法の選択は，組織の人材育成の観点からも判断が分かれるだろう。

5 まとめ——フォーマット開発と日本のメディア

　本章では，フォーマットの開発手法を通して効率的なアイデアの見つけ方を明らかにした。これらはフォーマットを開発する際に参考になることはもちろん，おもしろい新番組を作ろうとする場面でもその効率を上げることに役立つはずだ。

　また，今回見た開発の方法は，企業の眠っている資産の有効活用に資する可能性もある。昔放送した古い番組から演出要素を抽出し他のものとブレンドしたり，番組の構造を調整したりすることで，フォーマットに作り変えることができるかもしれない。

　日本のメディア企業にとっては，まずはフォーマット開発に取り組んでみること自体が有益だろう。アイデアを生み出す方法や，開発チームの編成，バイブルの作成方法，どれも国内番組の開発において活用できる。国際展開可能なフォーマットを目指してアイデア作り取り組むこと自体が組織のクリエイティビティを成長させるはずだ。

■注

1）NHKでの活用の視点からフォーマット開発を研究した（Watanabe [2013]）。
2）本文中で紹介する所属および肩書は調査を行った時点のものである。
3）FRAPA（The Format Recognition and Protection Association）は，フォーマットの権利を法的な保護をうける所有権の集まりと位置づけている（FRAPA [2011] p.5）。
4）FremantleMediaは2018年にFremantleに名称を変更している。
5）Armoza FormatのYael Phillipsとのメール（2016年11月28日）による情報。
6）MIP MarketsのTwitter投稿（2019年4月6日）https://twitter.com/mip/status/1114475815260106758をもとに筆者作成。筆者は*Cinderella Network*の制作者として現地に同行した。

■ 引用・参考文献

【日本語文献】

大場吾郎［2019］「"JAPANフォーマット"の歴史と国際展開」『GALAC』2019-11月号，pp.17-19.

長谷川朋子［2019］「世界のヒットフォーマット最新レポート　〜アジアが熱い！？　流通市場が注目する理由」『GALAC』2019-11月号，pp.13-16.

【英語文献】

Bodycombe, D. J.［2002］*How to Devise a Game Show v5.* www.ukgameshows.com.

Chalaby, J. K.［2016］*The Format Age Television's Entertainment Revolution.* Cambridge: Policy Press.

C21Media［2002］*International Format Awards 2020 – Ceremony.* London: C21Media https://www.c21media.net/screenings/formatawards2020/international-format-awards-2020-ceremony/16393/（2020年9月12日閲覧）.

European Broadcasting Union（EBU）［2007］*Trading TV Formats: The EBU Guide to the International Television Format Trade.* Geneva: EBU.

The Format People［2020］*About.* The Format People. https://www.theformatpeople.com/about（2020年9月28日閲覧）.

The Format Recognition and Protection Association（FRAPA）［2009］*The FRAPA Report 2009 : TV Formats to the World.* Huerth, Germany: FRAPA, .

The Format Recognition and Protection Association（FRAPA）［2011］*The FRAPA Report 2011: Protecting Format Rights.* Huerth, Germany: FRAPA.

GAMEFACE TV［2020］*People.* London: GAMEFACE TV http://www.gamefacetv.co.uk/#people（2020年9月18日閲覧）.

Iwabuchi, K.,［2004］Feeling Glocal: Japan in the Global Television Format Business. In: Moran, A., and Keane, M., eds. *Television Across Asia: Television Industries, Programme Formats and Globalization.* London: Routledge, pp.21-30.

Moran, A.［1998］*Copycat Television: Globalisation, Program Formats and Cultural Identity.* Luton: University of Luton Press.

Moran, A.［2006］*Understanding the Global TV Format.* Bristol: Intellect.

Sony Pictures Television［2018］*HOME*: Sony Pictures Television https://www.millionaire-show.com/home（2020年9月20日閲覧）.

Studio Lambert［2020］*Our People/Stephen Lambert.* London: Studio Lambert. https://www.studiolambert.com/stephen-lambert.html（2020年9月20日閲覧）.

Watanabe, S.［2013］*Developing Successful TV Formats for Global Distribution: In Relation to NHK.* Dissertation（Master of Arts）. Bournemouth University

（渡邊　悟）

第8章　放送コンテンツの海外流通と権利処理における課題

1　はじめに

　放送局が制作したコンテンツ～一般に「番組」と呼ばれる～は，当該放送局がその著作権をもつ。著作権とは，コンテンツの「排他的独占的利用権」である。他のあらゆる者に対して利用を禁ずることができ，自分が利用を許した者だけに利用させることができる権利である。したがって，局が自ら制作した番組を海外の放送局，配信事業者等の顧客に利用させることは，当然可能であり，局は販売価格などの利用条件について顧客と折衝し，合意が成立したら番組の複製物を提供すればよい。顧客は，その複製物に現地言語の字幕を付け，放送や配信を行うことができる。

　以上のように考える人が少なくないかも知れない。しかし，ことはそれほど単純ではない。もし，「著作権」のことに何ら配慮を行わず，局が番組を提供したとしたならば，顧客らの利用行為は直ちに違法なものとなり，差止，損害賠償などの対象となるのである。

　テレビドラマ『半沢直樹』は，2020年に続編のシリーズが放送された。下記図表8-1（権利者一覧リスト）は，2013年に放送された最初のシリーズ（以下「本番組」）のクレジット表示である。この「ドラマ」それ自体の著作権は，「製作著作TBS」とある通り，確かにTBSが単独でもっている。ところが，このドラマの利用，たとえば海外での配信を禁止することができる権利は，TBSだけがもっているのではない。原作の小説家，脚本家，劇伴音楽（劇の伴奏音

楽という意味で，業界では「ゲキバン」と呼ばれる）の作曲家，そしてこの劇伴音楽の演奏家，そして，この演奏をレコーディングスタジオで録音したレコード製作者，さらに，堺雅人をはじめとした出演俳優ら全員がもっているのである。

　したがって，このドラマを海外展開により利用するためには，これら禁止権をもつ人たち全員から，利用の許諾を得なければならない。このドラマは日本での放送直後に韓国，台湾でも放送されたが，それは，多数の権利者のすべてから，許諾が得られたからである。そのためには，各権利者に相応の対価を支払わなければならない。このような，「番組に含まれている権利者が誰であるかをすべて洗い出し，それら権利者全員の許諾を得て番組を利用できるようにすること」を，業界では「権利処理」と呼んでいる。

図表8-1 ▶権利者一覧リスト

日曜劇場『半沢直樹』
初回放送2013年 7 月 7 日～同年 9 月22日　毎週日曜21時枠，全10話
■製作著作：TBS
■原　　作：池井戸潤『オレたちバブル入行組』『オレたち花のバブル組』（文春文庫 刊）
■脚　　本：八津弘幸
■劇伴音楽作曲：服部隆之
■劇伴音楽演奏：弦楽器奏者たち，フルート，オーボエ，クラリネット，ホルン，アルトサックス，打楽器，ギター，ピアノ，チェンバロなど各楽器奏者，東京混声合唱団
■劇伴音楽のレコード製作者：Anchor Records
■プロデューサー：伊輿田英徳（TBS），飯田和孝（TBS）
■演　　出：福澤克雄（TBS），棚澤孝義（ドリマックステレビジョン）
■出　　演：堺雅人，上戸彩，片岡愛之助，北大路欣也，香川照之　ほか

　本章では，大きく 2 つに分けて，この権利処理について説明する。まずは，各権利者にそのような権利が与えられている根拠である。それは，著作権法（以下「法」）がそれを定めているからだということに尽きるので，法の規定を解説することになる。次に，実務上，どのような手続を踏んで許諾が得られているのか，また，各権利者に対し，対価はいくらぐらい支払われているのか，という点である。以下，順に述べる。

2　著作権法が各「権利者」に与えている権利

2-1　放送コンテンツの「一次利用」と「二次利用」

　放送番組は，まず「制作」され，初回放送される。これを「一次利用」と呼ぶこととする。その後，地上波での再放送，および無料配信または有料配信，市販DVDの作成およびそれの公衆への販売・貸与などが行われる。これを番組の「二次利用」という。海外での放送，有線放送あるいはネット配信等は，二次利用の一例にすぎない。

　権利処理は，一次利用の時点から既に必要とされている。

2-2　映画の著作物に与えられる著作権の支分権

　まず，テレビ番組が法でどのような保護を与えられているかについて概観する。法は，著作権が与えられる対象を「著作物」であると定めている[1]。テレビ番組は，この中で「映画の著作物」に該当する[2]。

　著作物には，「著作権」が与えられる。著作権とは，法21条～28条に規定される権利であるとされ，法は，著作権を1つの権利ではなく，細分化した複数の権利（支分権と呼んでいる）として定めている。映画の著作物については，以下の権利が存在する。

　①複製権（法21条）…著作物の複製を禁止する権利である。「複製」とは，「印刷，写真，複写，録音，録画その他の方法により有形的に再製すること」である（法2条1項15号）。コピーを1つ取るだけであっても，この権利を侵害する。個人的に又は家庭内において使用することを目的として複製する場合は権利が制限されるが（私的使用のための複製，法30条1項），営利目的がなく，複製物を配布する人から料金を取らないとしても，この権利は制限されない。レンタル店から借りたCDを自分で聴くためにパソコンにコピーすること

は許されるが，高校の文化祭で演劇を上演する目的で戯曲の書籍から演劇に出演する人数分のコピーを取るのは，複製権の侵害となる。

②放送権（法23条1項）…放送を禁止する権利である。「放送」とは，「公衆送信のうち，公衆によって同一の内容の送信が同時に受信されることを目的として行う無線通信の送信をいう。」と定義されている（法2条1項8号）。

③有線放送権（法23条1項）…有線放送を禁止する権利である。「有線放送」とは，「公衆送信のうち，公衆によって同一の内容の送信が同時に受信されることを目的として行う有線電気通信の送信をいう。」（法2条1項9号の2）。

④自動公衆送信権（法23条1項）…いわゆる「ネット配信」を禁止する権利である。「自動公衆送信」とは，「公衆送信のうち，公衆からの求めに応じ自動的に行うもの（放送又は有線放送に該当するものを除く。）をいう（法2条1項9号の4）。この定義から明らかなように，ネット配信は，公衆が求めない限り，受信者の手元に著作物は送信されない。送信者は，自動公衆送信装置（サーバー）に著作物をアップロードすること（これが，次に説明する「送信可能化」にあたる）ができるだけである[3]。

⑤送信可能化権（法23条1項）…ネット配信を行うための前段階の行為として，サーバーに著作物をアップロードし，公衆が求めた場合に自動的に当該公衆に送信ができる状態にすることの禁止権である。「送信可能化」の定義は，法では長々と書かれているが，この行為が行われた時点では，まだ誰にも著作物が送信されたわけではない。求めがあれば自動的に公衆に送信される危険な状態を作り出したことを，既に著作権侵害に値すると評価したものである。

なお，②〜⑤の権利を総称して，「公衆送信権」という。

⑥頒布権（法26条1項）…映画の著作物の複製物を公衆に譲渡し又は貸与することの禁止権である。DVDの販売店が客にDVDを売ること，DVDのレンタル店が客にDVDを貸与すること等に権利が及ぶ。この権利は，複製物を公衆に該当しない特定かつ少数の者に譲渡又は貸与する場合は発生しないことが原則であるが，譲渡又は貸与を受ける者がその複製物を公衆に提示する（見せ聞かせる）目的を有しているとき，たとえば放送し，あるいは映画館で上映する

目的を有しているときは，特定かつ少数の者に対する譲渡又は貸与であっても，頒布権を侵害する（法2条1項19号）[4]。

2-3　「映画の著作物の著作者」の権利と「映画製作者」の権利

それでは，上記著作権の支分権をもつ者は誰か。法は，著作物の「著作者」がそれにあたると定めた（法17条1項）。

著作者とは，「著作物を創作する者」であり（法2条1項2号），小説であれば小説家，音楽であれば作詞家，作曲家がそれにあたると直ちにわかる。ところが，映画の著作物は，図表8-1にある通り，多くの者が創作に関与しているので，一見して著作者が誰に当たるのか，明らかではない。そこで，法は，「映画の著作物の著作者」を，「制作，監督，演出，撮影，美術等を担当してその映画の著作物の全体的形成に創作的に寄与した者とする。」と定めた（法16条）。劇場用映画の場合は「監督」といい，テレビ番組の場合は「演出」というのが慣行である。「制作」とは，いわゆる「プロデューサー」を意味する。図表8-1では，演出，プロデューサーという職能として氏名が記されている者が，それに該当することになる[5]。

ところが，「映画の著作物」は，他の著作物と異なり，「著作者」が著作権を取得できない，という例外が法で定められている。「映画の著作物（略）の著作権は，その著作者が映画製作者に対し当該映画の著作物の製作に参加することを約束しているときは，当該映画製作者に帰属する。」との規定である（法29条1項）。

「映画製作者」とは，「映画の著作物の製作に発意と責任を有する者をいう」と定義される（法2条1項10号）[6]。本番組では，TBSがこれに当る。

法29条1項で「著作者が映画製作者に対し当該映画の著作物の製作に参加することを約束しているときは」とは，本番組の場合，TBSがドリマックステレビジョン所属の棚沢孝義に「『半沢直樹』の演出をお願いしたい」と委嘱し，棚澤が「引受けました」と同意し，演出を行うことと考えればよい。

165

この「参加約束」があれば，「半沢直樹」の棚澤演出話の「著作権」はTBSに帰属するが，著作者に与えられるもうひとつの権利，「著作者人格権」は，棚澤に残されることになる。

著作者人格権には，「氏名表示権」と「同一性保持権」がある。前者は，「著作物の公衆への提供若しくは提示に際し，その実名若しくは変名を著作者名として表示し，又は著作者名を表示しないこととする権利」であり（法19条1項），後者は，「その著作物及びその題号の同一性を保持する権利を有し，その意に反してこれらの変更，切除その他の改変を受けないものとする」権利である（法20条1項）。TBSが，もし「演出　棚澤孝義」との表示を省略すれば前者の権利に違反するし，棚澤が演出を担当した初回放送での著作物再生時間が70分であった場合，それを再放送の時間枠に合わせるため，棚澤の同意を得ずに一部をカットして54分とするようなことを行えば，後者の権利に違反する。

なお，「映画の著作物」で，著作権は映画製作者に帰属するが，著作者人格権は著作者に残る，というのは，著作者が映画製作者の従業員ではない場合である。もし著作者が，映画製作者の従業員の場合は，法15条の規定により，「著作者」が映画製作者たる法人になる。そうなれば，法人が法17条1項の規定により，「映画の著作物」の「著作権」はもちろん，「著作者人格権」も取得することになる。本番組のプロデューサー，演出家の中で，（TBS）との表示がある者は，本番組において著作者人格権も有していない，ということになる。なお，「製作著作　TBS」との表示は，法15条の「自己の著作の名義の下に公表するもの」との要件を満たすために，考え出されたクレジット表示である。

以上により，前掲2-2で示した，本番組に与えられる①〜⑥の著作権の支分権は，演出，プロデューサーがTBSの従業員か否かにかかわらず，すべてTBSに帰属することになる[7]。

2-4　原作者と脚本家の権利＝「映画の著作物の原著作物の著作者」の権利

本番組の原作は，池井戸潤が創作した小説である。これは，文字で書かれた

「言語の著作物」であり，その著作者である池井戸が2-2①②で説明した複製権，放送権等の著作権をもつ。しかし，その複製権とは，本などに文字を印刷することの禁止権であり，また放送権とは，テレビあるいはラジオで，読み手がこの小説の文字をそのまま朗読して視聴者に送信することの禁止権である。池井戸は，本番組＝「映画の著作物」の著作者ではないので，本番組の複製あるいは放送の禁止権は，そもそも持ち得ないはずであるが，実際には，本番組の利用に関し，法で定められたあらゆる禁止権をもっている[8]。

　脚本家の八津弘幸が本番組に対してもつ権利は，脚本が番組の原著作物であるので，八津は，TBSがドラマを創ること，創ったドラマを初回放送し，その後あらゆる二次利用を行うことの禁止権をもつ。池井戸がもっている権利とまったく同じ権利を有しているのである。ただし，TBSから，番組制作およびそれの放送のために委嘱を受けて，脚本の創作という役務を提供するのであるから，少なくとも番組の制作および初回放送までの段階においては，確実に許諾が得られているといえよう。

2-5　劇伴音楽の作曲家の権利＝「映画の著作物に複製されている著作物の著作者」の権利

　原作小説と脚本は，言語の著作物であり，書かれた文字がそのまま映画の著作物に複製されているわけではない。翻案され，二次的著作物に形を変えて，利用されている。ところが，劇伴音楽の作曲は，複数の楽器の演奏による総譜（スコア）が楽譜に書かれ，楽譜通りに演奏されたものが，本番組＝映画の著作物の中に，そのまま複製されている。したがって，本番組の制作および初回放送，そして二次利用のいずれにおいても，番組を2-2の①〜⑥で列挙した方法で利用すれば（本番組の制作および初回放送，そして二次利用のすべてが含まれる），音楽もそれと同時に2-2の①〜⑥で列挙した方法で利用されることになる。よって，音楽の著作物の著作者は，直接これら利用を禁止した法の各条により，本番組を2-2の①〜⑥で列挙した方法で利用することの禁止権を有す

ることになる[9), 10), 11)]。

2-6　放送実演家の権利

　本番組で，堺雅人ほかの出演俳優は，法では「著作者」ではなく，「実演家」
と呼ばれる権利者となる。実演家とは，「俳優，舞踊家，演奏家，歌手その他
実演を行う者及び実演を指揮し，又は演出する者をいう。」（法2条1項4号）。
そして「実演」とは，「著作物を，演劇的に演じ，舞い，演奏し，歌い，口演
し，朗詠し，又はその他の方法により演ずること（これらに類する行為で，著
作物を演じないが芸能的な性質を有するものを含む。）をいう。」（同項3号）
とそれぞれ定義されている。実演家には，自らの実演の①録音・録画権（法91
条1項），②放送権（法92条1項），③有線放送権（法92条1項），④送信可能
化権（法92条の2第1項），⑤録音物又は録画物の公衆への譲渡権（法95条の
2第1項），などが与えられている。これら権利も著作権と同様，これら行為
を万人に対して禁止する権利であるが，実演家に与えられている利用禁止権は，
「著作権」ではなく「著作隣接権」と法は呼んでいる（89条6項）[12)]。

　テレビドラマでは，スタジオまたはロケ現場で俳優に実演をしてもらい，そ
の実演をまず録音・録画した後，放送することになる。このように，番組への
出演を実演家に委嘱し，実演家が委嘱に同意して行った実演を録音又は録画し
たものを，海外販売など放送番組の二次利用において，後述する「レコード実
演」と対比させて，業界では「放送実演」と呼んでいる。

　テレビ番組は，「映画の著作物」であることは前に述べた。その典型例であ
る劇場用映画にも，俳優は多数が出演している。劇場用映画も，多くの作品が
海外販売を始めさまざまに二次利用されるが，その利用に関し，出演俳優には
何らの禁止権も生じず，かつ，何らかの報酬を受ける権利も一切有していない。
その理由は，「実演家の許諾を得て映画の著作物において録音され，又は録画
された実演」については，録音・録画権が否定され（法91条2項），放送権及
び有線放送権が否定され（法92条2項2号ロ），送信可能化権が否定され（法

92条の2第2項2号)，録音物又は録画物の公衆への譲渡権も否定されるからである（法95条の2第2項2号)。これを「実演家の権利のワンチャンス主義」という。同じ実演に関し禁止権を行使するチャンスは1度しかない，という意味である。自らの実演を映画の著作物に録音・録画することを許諾し，収録現場で生実演を行った時点で，そのチャンスを行使してしまったというわけである。映画の著作物においては出演俳優の数が多く，これら全員に利用禁止権が存在しているとした場合，その円滑な利用が阻害される。円滑な利用を優先するため，実演家の禁止権の行使を劣後させた，というのがその立法趣旨である[13]。

　本番組も映画の著作物にあたるものであり，出演俳優らはそれに自らの実演が録音録画されることを容認して実演を行っていることに疑いはないように思われる。そうであれば，一次利用（初回放送）およびあらゆる二次利用において，出演俳優に対しては何らの許諾を得ずに利用が可能のはずであるが，実際にはそうではない。実は，放送局が制作する映画の著作物に関しては，二次利用の多くの場面で，実演家の利用禁止権が生き残っているのである。その理由は，「実演の放送について，放送の禁止権を有する者の許諾を得た<u>放送事業者</u>は，その実演を，放送のために（実演家の許諾を得ずに）録音し，又は録画することができる」ことを定めた規定が存在するからである（法93条1項)。この規定は，同条の見出しの通り「放送のための固定」と呼ばれている[14], [15]。

　それでは，この実演＝法93条1項により録音又は録画された放送実演に関し，実演家の利用禁止権はいかに生じ，または生じないのか。ケースを分けて検討する。

　(i)　初回放送…実演家が番組への出演委嘱の申込を承諾した時点で，当然許諾していると考えられる（そう考えないと，そもそも法93条1項本文による録音又は録画を行うことはできない)。

　(ii)　番組の再放送または他の放送事業者に録音・録画物を提供して行わせる放送…法93条1項本文によって録音・録画された番組は，放送の禁止権を否定する法92条2項2号ロに該当しない。よって，同条1項の原則に戻り，実演家

には放送の禁止権が存在するように思われる。ところが，同条１項の原則を否定する規定が他にも存在する。それが「実演家がその実演の放送を許諾したときは，契約に別段の定めがない限り，当該実演は，当該許諾に係る放送のほか，実演家の許諾を得ずに，１．当該許諾を得た放送事業者が前条第一項の規定により作成した録音物又は録画物を用いてする放送，２．当該許諾を得た放送事業者からその者が前条第一項の規定により作成した録音物又は録画物の提供を受けてする放送（三号略）において放送することができる。」との規定である（法94条１項）。

本項１号は，本番組をTBSが再放送する場合である。同２号は，TBSが他の放送局（TBS系列の地方放送局あるいはBS，CS等の衛星放送局など）に本番組の録音録画物を提供して行わせる放送であり，海外放送局に提供して行わせる放送も含まれる。

この場合，実演家は放送の禁止権はないが，いずれも，相当な額の報酬の支払を受ける権利を有する（同条２項）。支払義務を負うのは，２号の場合であっても，録音録画物を提供する放送事業者である（本番組の場合，TBSである）。

なお，国内又は海外の<u>有線放送局</u>に提供して行われる<u>有線放送</u>に関しては，実演家は禁止権を有する。

(iii)　番組の録音・録画…放送のための録音・録画でない限り，実演家は禁止権を有する。市販DVDへの録音・録画などの場合である。

(iv)　番組の送信可能化…実演家は禁止権を有する。実演家には自動公衆送信権は与えられていないが，送信可能化権が与えられているので，結果的に，ネット配信を禁止する権利を有していることになる。

2-7　レコード実演家とレコード製作者の権利

本番組の劇伴音楽は，レコード会社であるAnchor Recordsが，各楽器奏者，合唱団をレコーディングスタジオに集めて演奏・歌唱等の実演を行わせ，原盤

（マスターテープ）に収録したものである。TBSはこの録音物の提供を受けて，本番組の各場面にふさわしい箇所に，この音楽を収録して番組を完成させている。

　この録音物を，「レコード」という。「レコード」とは，「蓄音機用音盤，録音テープその他の物に音を固定したもの（音を専ら影像とともに再生することを目的とするものを除く。）をいう。」（法2条1項5号）。レコードに録音された実演家の実演を，前項の「放送実演」と対比させて，「レコード実演」と呼び，このレコードが利用される場合，実演家が権利をもつ。

　ここでは，もう1人，「レコード製作者」という新たな権利者が登場している。「レコードに固定されている音を最初に固定した者をいう。」（法2条1項6号）と定義されている[16]。本番組の劇伴音楽の録音物に関しては，Anchor Recordsがレコード製作者となる。

　レコード実演家とレコード製作者に与えられている，レコードに対する利用禁止権も，放送実演家がもつ実演に対する利用禁止権と同様，「著作隣接権」という。

　放送局が番組を制作する過程においては，このような「番組に録音される目的で演奏された実演」ではなく，市販CD[17]に録音されている楽曲を選曲して，その歌唱・演奏等を番組に録音する場合が多い。市販CDを「放送」し又は「有線放送」する場合，2-5で述べた通り，著作者（作詞家と作曲家）には2-2の②③でみた著作権としての利用禁止権があるので，著作者の許諾が得られない限り，市販CDを放送，有線放送することはできない。ところが，レコード実演家とレコード製作者には，「放送」と「有線放送」に関しては，著作隣接権が認められていないので，両権利者の許諾を得ずに自由に放送，有線放送ができる[18]。外国盤のレコードであっても，その理に変わりはない。

　一方，レコード実演家には，著作隣接権として「録音権」（法91条1項）と「送信可能化権」（法92条の2第1項）が与えられ，またレコード製作者には，著作隣接権として「複製権」（法96条）と「送信可能化権」（法96条の2）が与えられている。番組は，二次利用の段階で市販DVDとして録音・複製され，

また，最近では盛んにネット配信される。放送の時は自由で使い放題であった
ものが，突如，レコード実演家とレコード製作者の許諾が得られない限り，そ
の2つの利用はできないものに転化する。特に外国盤レコードでは，権利者と
直接連絡を取るのも困難な場合が多いので，DVD化や配信を行う場合，放送
の時に利用した市販CDの音楽を，レコード実演家とレコード製作者の許諾を
得る必要のない，権利フリーの音楽に差し替えることが，しばしば行われる。

3 放送番組の海外販売における各権利者への権利処理

3-1 二次利用のうち，海外販売における権利処理の法的問題の特殊性

これまでに述べた，番組の中に存在する著作者，著作権者，実演家，レコー
ド製作者に与えられている利用禁止権は，日本国著作権法の規定によるもので
あった。日本法の権利が及ぶのは，日本国内での利用に限られる。海外での放
送，有線放送，ネット配信に関しては，利用が行われる当該外国の著作権法の
規定により，保護がされることになる。

著作者の権利に関しては，ベルヌ条約，著作権に関する世界知的所有権機関
条約などがあり，実演家及びレコード製作者の権利に関しては，ローマ条約，
実演及びレコードに関する世界知的所有権機関条約などがある。また，全権利
者に共通する条約として，WTO協定が存在する。これら条約においては，条
約の各加盟国において，当該条約に加盟する外国人の著作物およびレコード，
加盟国で行われた実演を保護する義務がある。日本国著作権法でも，これら条
約に加盟する国民の著作物およびレコード，加盟国で行われた実演などをわが
国内で利用する場合に保護する規定を設けている（法6条〜8条）。同じよう
に，海外販売先の外国においては，ほとんどの国がこれら条約に加盟しており，
わが国民を著作者あるいはレコード製作者とする著作物およびレコード，わが
国内で行われた実演を保護する規定を，各国で制定された法で設けている[19]。

わが国の現行著作権法は1970年に制定されたが，それはベルヌ条約及びロー

マ条約の定めを参酌して定めたものである。また，同法の1997年改正で新たに定めたネット配信を禁止する自動公衆送信権，送信可能化権は，その直前に成立した世界知的所有権機関条約での定めをそのまま引き写したものであり，わが国が独自に権利を創設し，あるいは権利を否定または制限できる余地などはない。

したがって，外国において，日本の番組が無断利用された場合，わが国の各権利者は当該外国の司法機関に訴えを起こし，利用の差止及び損害賠償の請求などができることになる。

3-2　誰が権利処理を行うか〜「蛇口処理」と「元栓処理」

番組の海外二次利用は，現地における放送，有線放送，ネット配信などが主なものであるが，それら行為に対する禁止権をもつ者に対し許諾を申請することおよび許諾を得るための条件としての対価＝使用料を支払うこと，すなわち権利処理は，誰が行うのかという問題がある。

法の原則は，禁止権の対象となっている利用を行う者である。すなわち，海外で放送，有線放送等を行う者が権利処理の義務者となる。これを業界では「蛇口処理」と呼んでいる。ところが，外国人が使用言語の異なる日本の権利者ら〜しかも，バラバラに多数点在している〜と交渉を行うことは，現実的には不可能に近い。

そこで，実際には，海外に番組を提供する日本の放送事業者が権利処理を行うケースがほとんどである。これを業界では「元栓処理」と呼んでいる。禁止権の中には，「複製権」「頒布権」も存在する。海外の顧客に提供するために番組を「複製」すること，そして顧客に対し番組の「複製物を譲渡又は貸与」する場合，その「利用者」は海外の顧客ではなく，日本の放送事業者であるので，元栓処理は決して不自然な処理方法ではない。

さて，元栓処理を行う場合においても，その権利処理の方法は２通りが考えられる。第１が，番組制作と初回放送の時点で，それらについての許諾を得る

ことに追加して，将来想定される番組の海外利用に関してもあらかじめ許諾を得ておくという方法である。これは，音楽の著作権およびレコード実演とレコード製作者の権利処理において採用されている。第2が，さまざまな二次利用が行われるたびに，本章のテーマに沿うと，海外販売が行われるたびに権利処理を行うという方法である。これは，原作，脚本，放送実演の権利処理において行われている。以下，順に述べる。

3-3　原作の著作権処理

　著作権または著作隣接権の処理を行う場合，誰か1人の者がすべての権利者の権利を管理しており，その1人の者に許諾の申請をしたら，断られることなくすべて許諾してくれ，かつ，許諾の対価としての使用料もリーズナブルな価格としてあらかじめ定められている，というのが，利用者としてはありがたい。

　こうした機能を果たす者を，「権利の集中処理機関」といい，わが国では，著作権等管理事業法により文化庁長官の登録を受けた著作権等管理事業者がそれに該当する。著作権等管理事業者は，個別の権利者の著作権または著作隣接権の管理を行う契約を当該個別の権利者と締結することにより，初めて利用者に対して許諾を行うことができる。個別権利者との契約をより多く行っている著作権等管理事業者が，「権利の集中処理機関」として，よりふさわしい存在であるといえる。

　テレビ番組において，原作者の著作権を管理する著作権等管理事業者として唯一の存在が，公益社団法人日本文藝家協会（以下「文藝協」）である。ところが，テレビドラマの原作として採用されている小説，漫画などで，文藝協に権利の管理を委託している著作者は，きわめて少ないのが現状である。

　文藝協に権利の管理を委託している原作者に関しては，文藝協が同法により定めている「使用料規程」により，ドラマ番組では放送事業者が海外の顧客に提供する価格の3.5％を文藝協に支払うことで，許諾が得られる。

　実際には，文藝協に著作権の管理を委託せず，放送事業者と行う許諾に係る

使用条件の交渉を自著の出版を行う出版社に委任する原作者が多い。本が売れなくなった現代において，出版社はその売上げを確保するため，原作の二次的著作物である番組の制作およびその一次・二次利用を許諾するにあたり，より高額な使用料を徴収しようと臨んでくるので，その契約交渉は放送事業者にとってなかなか厳しいものがある。他にも多くの権利処理が必要なことを説得することで，海外の顧客への提供価格の5～6％を支払うことで許諾が下りるケースが多い。稀に，原作者本人が放送事業者と直接交渉するケースもある。その場合であっても，許諾に係る使用料は，提供価格の5～6％が相場となっている。

3-4　脚本の著作権処理

　番組の制作から二次利用までの過程において，放送事業者が権利者からどのような条件で許諾が得られるか，それは，放送事業者と権利者との「力関係」によるところが大きい。

　脚本家は，放送事業者の委嘱を受けて執筆を行う個人事業者であり，契約交渉において放送事業者に対して強い権利主張を行うと，「替わりの脚本家はいくらでもいる」として，委嘱を打ち切られてしまうおそれがある。力関係は，放送事業者のほうが強い。放送事業者は脚本家に対して執筆料を支払う時に，「本番組を制作し，初回放送から二次利用まで，本番組のあらゆる利用を行うことを，脚本家は放送事業者及び放送事業者が指定する者に対して許諾する。当該許諾に係る対価は，本契約で定めた執筆料の中に含まれるものとする。」と記載した契約書（これを業界では，「権利の買取り契約書」と呼んでいる）を提示し，脚本家のサインをもらえば（それを拒む者には，執筆の委嘱を行わない），海外販売も含めたあらゆる二次利用において，脚本家に対しては追加の使用料を支払わずに行うことができる。

　ところが，放送事業者はそのような契約を脚本家と締結することはできない。放送脚本家から著作権の管理の委託を受けた著作権等管理事業者に，協同組合

日本脚本家連盟（以下「日脚連」）と協同組合日本シナリオ作家協会（以下「シナ協」）がある。脚本家は，日脚連またはシナ協に自らの著作権の管理を委託しているケースが多い。両団体は，中小企業等協同組合法で定められた「事業協同組合」であり，「組合員の経済的地位の改善のためにする団体協約の締結」を行うことができる（同法9条の2第1項6号）。これをもとに，日脚連とシナ協は，放送事業者の連合体である一般社団法人日本民間放送連盟（以下「民放連」）と「テレビ放送に関する団体協約書」を結んでおり，上記のような内容の契約を締結しても，その効力が否定されるからである[20]。

海外販売の場合，放送，有線放送およびネット配信のすべての利用を行う場合，放送事業者が顧客から取得する提供価格の3.5％が，脚本家が取得できる権利使用料である。一方，顧客が有線放送のみを行う場合，提供価格の2.8％が権利使用料となる。放送事業者は，日脚連およびシナ協の両者とこの料率で合意している[21]。

3-5 作詞，作曲の著作権処理

音楽の著作物の著作権は，その著作者である作詞家および作曲家が有する。しかし，実際には創作を継続的に行うプロの著作者は，自らその著作権管理を行うことはしない。ほぼ100％に近い者が，著作権等管理事業者である一般社団法人日本音楽著作権協会（略称はJASRAC）に権利の管理を委託している。その管理は，契約によりJASRACが著作者から直接著作権の移転を受け，または著作物のプロモートを行うことにより著作者から著作権の譲渡を受けた音楽出版社からさらにJASRACが著作権の移転を受ける「信託」という形により行われる。著作物の利用禁止権を，JASRACが有するのである[22]。

利用者からみると，JASRACこそが，「権利の集中処理機関」として最もふさわしい役割を果たしていることになる。

著作物の利用許諾は，「個別許諾，個別徴収」が原則である。1つの著作物の利用ごとに，事前に権利者の許諾を得て，使用料を支払う。前述した原作，

脚本の利用許諾は，この原則通りに行われている。

　ところが，音楽に関しては，NHK，民放のいずれの場合であっても，放送事業者がJASRACの管理著作物を包括的に利用することを予め許諾され，使用料も予め定められた一定の額を支払えば足りるという，「包括許諾，包括徴収」というスキームによっている。包括許諾の使用料は，年度ごとに，「年額」で定められる。民放の場合，JASRACの使用料規程では，「前年度の放送事業収入に1.5％を乗じて得た額」と定められており，それにより計算された額から代理店手数料その他を控除して算出された額を支払うことを，民放連はJASRACと合意している。

　その包括利用ができる範囲の利用は，「放送」であるが，放送以外の著作権の支分権に係る利用も含まれている。本章との関連でいえば，「国内国外の放送（衛星送信を含む）または有線放送（CCTVを含む）のために提供する目的で放送番組を複製すること」も含まれている。これは，複製の許諾とともに，国外の顧客に提供すること＝頒布の許諾も得たと解することができる。

　さらに，民放連は，「会員社は，国外の放送事業者あるいは有線放送事業者に放送番組を提供する場合，当該番組に録音された管理著作物の放送使用料は，提供先の放送事業者または有線放送事業者により，利用のつど，JASRACと契約のある提供先の著作権団体を通じて支払うことを提供先に告知する」旨の条項をJASRACと合意している[23]。

　以上により，番組の海外販売における音楽の著作権処理に係る使用料は，毎年支払う包括使用料の中に含まれ，一切の追加負担なく行うことができる[24]。

3-6　放送実演の権利処理

　かつて，番組の二次利用を行うに当り，権利処理が最も困難であるとして問題視されたのが，放送実演家の権利であった。それは，音楽の著作物におけるJASRACのような権利の集中処理機関が存在しなかったからである。

　放送実演家は，実演家個人，またはその所属事務所が利用禁止権をもってい

るので，出演者の数だけ許諾の申請先がある。また，事務所が団体に権利行使を委ねていたとしても，出演者とつながっている団体の数は多種多様で，一般社団法人日本音楽事業者協会と日本芸能実演家団体協議会実演家著作隣接権センターとでは，許諾と料率についての考え方も異なるというように，許諾が得られるまでの交渉には忍耐が強いられた。

しかし，放送事業者らの強い要望もあり，放送実演家らは，放送番組の二次利用における放送実演の許諾申請を一本化して受け付ける団体＝aRma（アルマ＝一般社団法人映像コンテンツ権利処理機構）を09年6月に設立した。そして，aRmaは15年4月から著作権等管理事業者ともなった。従来と比べ，放送実演の許諾はよりスムーズに得られるようになったのである。

現在のaRmaの使用料規程では，海外における放送，有線放送，送信可能化またはビデオグラム化のために提供する目的で，テレビ番組を録音録画する場合の使用料は，1話2年間の利用につき「提供価格×使用料率×寄与率」とする，との規定がある。「使用料率」は番組の種類ごとに異なり，ドラマは10%，バラエティ，歌等の娯楽番組は8%，情報，教養番組は4%，ナレーションのみは2%となっている。この料率は放送番組で実演を行っている実演家全員分のものであり，「寄与率」とは，番組の制作時における出演料が当該番組の出演料総額に占める割合である。この数式により，1人1人の実演家に支払われる使用料は算出される。

3-7 レコード実演およびレコード製作者の権利処理

2-7で，レコード実演家とレコード製作者は，レコードを放送し又は有線放送することに対し，禁止権がないことを説明した。しかし，両権利者ともまったく無権利ではなく，「商業用レコード」を放送又は有線放送した放送事業者又は有線放送事業者に対し，「商業用レコードの二次使用料請求権」を有している（法95条1項，97条1項）。禁止権ではないので，無断で放送されてしまうのを甘受せざるを得ないのであるが，放送した放送事業者に対し，「二次使

用料を支払え」と請求する権利があるのである。その額は，法では具体的に定められていないので，自己が実演を行いあるいは自己が音を最初に固定した商業用レコードが放送されたことを発見したレコード実演家とレコード製作者が放送事業者に請求し，両者が協議してその額を決めることになる。

　理論上は，放送で用いられたさまざまな商業用レコードに含まれているレコード実演家とレコード製作者がこの権利をもっているが，実際にはこの権利は，文化庁長官が指定した団体である公益社団法人日本芸能実演家団体協議会（実演家の場合。以下「芸団協」）と一般社団法人日本レコード協会（レコード製作者の場合。以下「レコード協会」）しか行使することができないことが定められている（法95条5項，97条3項）。これは「指定団体」による請求制度であり，放送事業者等としては，1つの権利者とだけ交渉すればよいので，円滑な利用に資するものといえる。日本盤のCDに限らず，外国盤のCDの放送に関しても，放送事業者は芸団協とレコード協会とだけ交渉を行い，協議の上合意した額を両団体に支払えば足りる[25]。

　この二次使用料も，1曲放送するごとの個別使用料ではなく，1年間分使用する包括使用料として定められ，NHKあるいは民放連と芸団協，NHKあるいは民放連とレコード協会がその都度協議し，協定を結び，具体的な支払額を定めている[26]。

　日本の放送番組が海外で放送，有線放送される場合，レコード実演家とレコード製作者に利用禁止権がないのは，全世界で共通である。たとえば米国の法制では，その上，二次使用料請求権も定められていないので，米国では両権利者の権利処理を行う必要は一切ない。欧州諸国では二次使用料請求権が定められているが，これは現地の放送事業者が支払うべきものであり，蛇口処理の原則は揺るがない。販売元の日本の放送事業者等が元栓処理を行う義務はない。

　したがって，ネット配信が行われるようになる前は，海外販売でレコード実演家とレコード製作者の権利処理を考える必要はなかった。ところが，今は，放送あるいは有線放送の利用に加え，配信利用もセットでなければ，買い手は満足しなくなった。配信の場合，2-7で述べたとおり，両権利者の権利は禁止

179

権に変わる。これも全世界で共通の原則である。日本盤CDが用いられた番組の海外での配信に対し，日本のレコード実演家とレコード製作者は禁止権をもつわけであるが，この許諾を得る作業は海外の買い手が行うことはできないので，元栓処理により，日本の放送事業者が行うことになる。

　海外配信の禁止権は，個々のレコード実演家とレコード製作者が有しているわけであるが，芸団協とレコード協会は，個々の権利者から委任を受けて，放送事業者らと交渉を行ってきた。なかなか許諾が得られず，その間は，配信を行う際，放送で利用していた音源を権利フリーのものに差し替えていたが，2019年度に条件が折り合い，許諾が得られることとなった。

　これは，協定文で「レコード（レコード実演を含む）を録音したテレビ放送番組（アニメを除く）を国外におけるストリーム形式の送信（再生可能制限付のダウンロード配信を含む）のために提供し，送信可能化することを許諾する。ただし，洋盤を使用する場合には，ボーカルの使用を除くとともに，背景的な使用（1コーラス程度）にとどめるものとする。」と定められた。二次使用料と同じく，あらゆる日本盤CDを送信可能化することの包括許諾であり，この許諾相当分の対価が，二次使用料の包括対価に上乗せして支払われる。一方，外国盤CDの利用に関しては，芸団協とレコード協会が外国の個別権利者から権利行使の委任を受けている範囲が狭く，上記のとおり，利用できる範囲が限られているため，日本での放送の時点でこの範囲を超える利用がされている場合は，やはり音源の差し替えが必要となる。

3-8　リメイク権と権利処理

　ハリウッド映画が，ヨーロッパ，日本，アジアなどでヒットした映画をリメイクして新たな映画を製作することはすっかり定着した。放送されるテレビドラマをリメイクしたいというオファーをアジア諸国からしばしば受ける。この場合，リメイクを希望する者は，番組を制作した放送事業者に対して許諾を求めてくることが通例である。しかし，このようなオファーを受けた時，法的に

見た場合，放送事業者がリメイクの希望者に対し禁止権（許諾権）を有しているといえるのだろうか。

　同じ原作小説を異なる脚本家の脚色により，異なるドラマが制作される場合がある。2番目以降の制作者は，小説家の許諾は得なければならない。一方，先行する作品で小説を脚色した脚本家の許諾を得なければならないケースは，先行作品の脚本家が原作にはみられない独自の創作的表現を行っている部分を後行作品の脚本家がそのまま用いている場合に限られる。

　それでは，既製の映画著作物と同じ脚本を用いてリメイクの映画著作物を製作した場合はどうか。映画の著作物は，脚本を映画化した二次的著作物である。したがって，リメイク作品を創作する者が最初に製作された映画の著作物の創作的表現を利用しない限り，原著作物の著作権を有する脚本の許諾のみを得てリメイクすれば良い，というのが理論的帰結となる。

　しかし，アジアで日本のドラマをリメイクした作品の場合，原作品の演出技法もそのまま模倣して使うというケースも往々にして存在する。スタジオセットとして画面に映し出される物，画面上の人物配置，カメラ割り等が全く同じで，俳優のみ日本人から外国人に入れ替わっているだけというのであれば，映画の著作物の創作的表現も利用しているとみられる可能性がある。リメイクのオファーは，申込者が小説や脚本を読んで行ってくるものではなく，映画や番組を見て行ってくるのである。商機は，映画の著作物が制作，公開されたことにより訪れている。その背景には，映画製作者として作品を発表してきた長年の実績と信用もある。したがって，少なくともリメイクの申込者との契約交渉を行うという役務に関する報酬を，映画や番組の製作者が受け取る正当性は十分ある。

　海外の顧客からドラマのリメイクのオファーがあった場合，原作を脚色したドラマは近年，原作の著作権を管理する出版社から許諾が得られる場合がほとんどなくなってきた。よって，ドラマのリメイクは，脚本家が何もないところから新たなストーリーを作り出すオリジナル脚本による場合に限られている。この場合，放送事業者がリメイクの希望者と契約を締結し，リメイク料を受け

取り，当該契約の交渉と締結の役務に係る窓口を行うことを，脚本家の著作権を管理する日脚連およびシナ協は認めている。リメイク許諾の窓口手数料は成約価格の30％であり，残りの70％を脚本家と放送事業者が折半することで，日脚連とシナ協の合意が得られている。

　なお，リメイクライセンスの場合，顧客が現地で新たに制作を行うので，日本の放送番組を現地でそのまま利用させる場合のような，音楽ほかの著作物，放送実演，レコード実演，レコード製作者等に対する権利処理は生じない[27]。

3-9　フォーマット権と権利処理

　日本の民放テレビのバラエティ番組の演出方法，スタジオセット，全体の組み立てなどを，海外の放送局が利用し，自国の出演者を起用して新たに番組を制作するというケースが増えている。当該外国の番組を見ると，司会者や出演者は異なるが，日本の人気番組を見ているのと同様の内容が見られる。一般参加者が巨大障害コースに挑むTBSの『SASUKE』もアメリカでは『Ninja Warrior』の名称でヒットしている。

　こうした，番組の諸要素の利用を海外の放送局に許諾することを，「フォーマットライセンス」「フォーマット権の販売」と呼んでいる。バラエティ番組は，1つ1つの場面が何らかのアイデアで構成されているものであるが，アイデアの1つだけを売るものではなく，アイデアの複数を集録して体系化した番組の「型」を売るものである。データの1つ1つには権利がないが，それらのデータの選択，配列に創作性があれば，編集著作物として保護されるということとの類比から，番組フォーマットをまるまる利用することが，単なるアイデアの利用にとどまらず，著作権の制約に服するものとなる可能性はあると思料されるが，どのように理論構成を行うかは依然として難問である。

　このように，フォーマット権の法的根拠は明確であるとは言えないが，現実の取引の世界では，日本がフォーマットを海外に販売する場合，または，日本が海外のフォーマットを購入する場合，いずれも権利があるものとして取引さ

れている。そうした商慣行が確立している中で，フォーマットを無断で利用する放送事業者，制作会社が出現すると，契約によりライセンスを受けている業者との間で不公平が生じる。そこで無断利用者に対し，権利侵害による差止めができなければ，ライセンスによりフォーマット使用料を受け取る正当性は失われるのであるが，未だに解決されていない問題である。

　なお，フォーマットライセンスの場合，顧客が現地で新たに制作を行うので，日本の放送番組を現地でそのまま利用させる場合のような，脚本，音楽ほかの著作物，放送実演，レコード実演，レコード製作者等に対する権利処理は生じない。

■ 注

1）「著作物」は，「思想又は感情を創作的に表現したものであつて，文芸，学術，美術又は音楽の範囲に属するものをいう。」（法2条1項1号）と定義され，著作物の例示として，言語の著作物，音楽の著作物，絵画，版画，彫刻その他の美術の著作物，建築の著作物，映画の著作物，写真の著作物等が挙げられている（法10条1項1，2，4，5，7，8号）。

2）放送番組は，日本語の普通の意味では映画とは呼ばれない。ところが，法は，「この法律にいう「映画の著作物」には，映画の効果に類似する視覚的又は視聴覚的効果を生じさせる方法で表現され，かつ，物に固定されている著作物を含むものとする。」（2条3項）と定める。これは，①動画表現がされている②物に固定されている③著作物である，以上①②③の3つの要件すべてを満たすものであれば，日本語の普通の意味では「映画」と呼ばれないものであっても，映画の著作物とする，という意味である。

3）受信者が指定されたURLに送信のリクエストを行うことで，初めて当該受信者の手元に著作物が送信される。すなわち，受信者の行為により送信が行われるのであるが，だからといって，リクエストした受信者が自動公衆送信の行為主体と解することはできない。もし，サーバーに著作物が無断でアップロードされた場合，受信者が自動公衆送信権侵害の主体となるのは明らかに妥当ではないからである。その侵害主体は，あくまでもサーバーにアップロードを行った者である。

4）映画の著作物に関して与えられる著作権の支分権には，他に以下のものがある。

※公衆への上映権（法22条の2）…著作物を公衆に直接見せ聞かせるために上映することを禁止する権利である。映画館，ミニシアターなどが映画の著作物を映写幕その他の物に映写して客に見せることを禁止する権利である。

※受信装置を用いた公衆伝達権（法23条2項）…放送または有線放送される番組について受信装置を用いて受信し，その放送または有線放送と同時に番組を公衆に直接見せ聞かせることの禁止権である。パブリックビューイングの禁止権ともいわれる。上映権は録音録画されたものを再生し見せることの禁止権であるのに対し，この権利は，テレビのスイッ

チをオンにし，今放送または有線放送されている画面を見せることの禁止権である。2-2②の放送権との違いは，2-2②は，無線波を発して送信することの禁止権であり，送信先で誰も見ていないとしても権利侵害は成立する，なお，この権利は，いまネット配信されている著作物を公衆に直接見せ聞かせることの禁止権も含んでいる。

5）演出の職務を行う者は，リハーサル，撮影の段階から，編集などポストプロダクションの段階まで，番組の全体において映像表現上の創作行為を行い，映画の芸術面に関し最終的な権限と責任を有している者である。一方，プロデューサーの職務は，番組の企画，原作の利用許諾の取得，脚本家の選定と脚本内容の監修，出演俳優の選定と折衝，番組の宣伝計画の策定，そして全体の予算管理等であり，番組の「大枠」を取り仕切る行為である。これらはきわめて重要であり，番組がヒットするか否かのカギを握ることになる。

6）「映画製作者」とは，いかなる者をいうのか。裁判例によれば，「映画の著作物を製作する意思を有し，同著作物の製作に関する法律上の権利義務が帰属する主体であって，そのことの反映として同著作物の製作に関する経済的な収入・支出の主体ともなる者のことである」とされる。単に「映画製作のための資金を負担し提供する者」ではなく，「映画製作のため必要となる多様な契約＝原作，脚本，音楽，出演俳優らとの契約などを締結して対価を支払い，その一方でそれら契約の相手方から映画の著作物の利用権を取得する者」のことをいうとされており，映画の著作物の「制作会社」がイメージされている。

7）放送番組は，録画機器を用いて誰でもコピーが取れる。これを用いて2-2の①～⑥の各利用が無断で行われたら，権利者は収入源が絶たれ，新たな創作活動を行うことができなくなる。著作権は禁止権であり，無断利用者に対し，利用の差止，損害賠償の請求を行うことができるため，利用を許諾する者から著作物の使用料を収受することができるのである。

8）著作権の支分権の中には，2-2の①～⑥で列挙した以外の権利がある。それが，翻案権である。まず，法は，「二次的著作物」を，「著作物を翻訳し，編曲し，若しくは変形し，又は脚色し，映画化し，その他翻案することにより創作した著作物をいう。」と定めた（法2条1項11号）。すなわち，本番組は，池井戸の小説を脚色した脚本をまず八津弘幸が創作し，その脚色脚本を俳優に演じさせて映画化することによりTBSが創作した「二次的著作物」である。そして，翻案権とは，元の著作物（これを「原著作物」という。）の著作者が，この二次的著作物を創作することを禁止することができる権利である。つまり，TBSは，池井戸の許諾を得ない限り，そもそも本番組の制作それ自体ができない。よって，最初の段階から，権利処理が必要となっているのである。

そして，原著作物の著作者＝池井戸は，本番組に対し，もう1つ新たな著作権をもつ。それは，制作された番組を，2-2の①～⑥で列挙した方法で利用することの禁止権である。法は，「二次的著作物の原著作物の著作者は，当該二次的著作物の利用に関し，この款に規定する権利で当該二次的著作物の著作者が有するものと同一の種類の権利を専有する。」と定めた（28条）。本番組の場合，池井戸は，TBSが本番組の利用に対してもつ，2-2の①～⑥で列挙した方法で利用することの禁止権と同一の種類の禁止権をもつというわけであるので，本番組の初回放送＝一次利用の段階から，あらゆる二次利用に対し，禁止権をもつのである。それは，利用者がTBSであっても，他の誰であったとしても，変わるところはない。

9）ただし，2-2⑥の頒布権に関しては，「映画の著作物において複製されているその著作物を当該映画の著作物の複製物により頒布する」著作者の権利となる（法26条2項）。

10) 番組に美術あるいは写真の著作物が複製される場合，また，番組の中で詩あるいは小説が朗読される場合，これら著作物も，「映画の著作物に複製されている著作物」となるので，それら著作物の著作者は，本番組のあらゆる利用に関し，音楽の著作物の著作者と同様の禁止権を有することになる。

11) 2-4と2-5の著作物の著作者は，いずれも本番組のあらゆる利用に関して禁止権をもつが，その権利の存続期間が異なる。本番組＝映画の著作物の著作権者の禁止権の存続期間は，現行法では公表後70年である（法54条1項），2-4の権利者が原作小説あるいは脚本という言語の著作物に対して有する著作権の存続期間は死後70年であるが，本番組の利用禁止権は，映画の著作物の著作権と同様に，死後70年の期間がまだ満了していなかったとしても，映画の著作物の著作権と同様に，公表後70年の経過により消滅する（同条2項）。一方，2-5の権利者は，映画の著作物の公表後70年経過後も，死後70年の存続期間満了時まで，本番組の利用に関する著作権が存続する。

12) 実演家の著作隣接権には，著作権では与えられていた録音・録画以外の方法による複製権（実演を写真で撮影することの禁止権，実演をその他の方法により有形的に再製すること＝実演の物まねを行うことの禁止権），自動公衆送信権，公衆への上映権，受信装置を用いた公衆伝達権，録音物録画物の公衆への貸与権といった禁止権は法により与えられていない。

13) 実演家の許諾を得ずに映画の著作物において録音・録画された実演に関しては，上記実演家の利用禁止権は，すべて失われない。その例は，その実演が行われる場所が映画の著作物への収録を必ずしも予定していない場合である。某歌手がコンサートホールで歌唱するケースで，歌手に何ら事前に説明を行わず，客席に撮影クルーを入れて映像の収録を行うような場合が考えられる。これに対し，劇場用映画は，自らの実演が映画の著作物に録音・録画されることを容認して実演を行うので，それを許諾していないという実演家の主張は成り立ち得ない。よって，何ら出演契約を結ばなかったとしても，実演家の利用禁止権はすべて失われる。

14) 放送事業者が実演家に番組への出演を委嘱し，実演家がこれに同意した時点で，放送事業者は実演家から，その実演を放送する許諾を得たことになる（まだ実演は行われていないが）。すると，その実演が行われるとき，放送事業者は実演家の許諾を得ずに，その実演を「放送のために」，実演家の許諾を得ずに「録音し，又は録画する」ことができるのである。

実演家は，「放送」の禁止権と「録音・録画」の禁止権を別々に行使できる。したがって，自らの実演の「放送」は許諾するが，「録音又は録画」は禁止する，という意思表示をすることが可能である。それをされれば，放送事業者は，その実演を放送するより他なくなる。しかし，たとえばテレビドラマを想定してもらえば分かるが，生放送だと演技の失敗（セリフの言い間違い），放送予定時間の超過その他さまざまな内容面の支障が生じ，視聴満足度も減ずることになる。よって，放送の便宜を勘案し，実演の放送を許諾した実演家は，あくまでも「放送のため」に目的を限定して，「録音又は録画」の禁止権を与えないこととした。それが，法93条1項本文の立法趣旨であると考えられる。

したがって，本番組に録音・録画された出演俳優らの実演は，「実演家の許諾を得て映画の著作物において録音され，又は録画された実演」とならないため，法が実演家に原則的に与えていた著作隣接権は，生き残ることになる。

15) しかしながら，さらに疑問が生ずる。自己の実演は，生放送でなければ許諾しない，という実演家は，ごく少数しか存在しまい。事前の録音又は録画が行われるパッケージ番組が多いことは，万人に知れたことで，実演家も百も承知である。番組への出演委嘱に同意（自らの実演の放送の許諾）した後，撮影・収録の時を迎えるが，そこで録音又は録画が行われていることを実演家は拒絶せずに実演を行っているのである。そうすると，その録音又は録画は，放送事業者が法93条1項本文により行っていると解することもできるが，実演家がその録音又は録画を許諾していると解することもできる。どちらの考え方が正しいのだろうか。

その疑問を解く鍵が，法103条による，法63条4項の準用規定である。

実演の「放送」についての許諾は，契約に別段の定めがない限り，当該実演の「録音又は録画」の許諾を含まないものとする，との規定である。法93条1項本文のように，放送の許諾を得た場合に，録音又は録画の許諾を得ずに録画又は録音できる規定が存在する場合は，契約により「録音又は録画も許諾する」との明確な合意がない限り，録音又は録画の許諾は得られていないというように，当事者の意思をいわば擬制する規定であると考えることができる。この規定により，先ほどの疑問に対する正解－番組への出演委嘱に応じた実演家が，放送のために録音又は録画されていることを認識しながら実演を行っていたとしても，それは実演家の許諾を得られたことによる録音又は録画ではなく，法93条1項本文により録音又は録画されたものであると解されるのである。

16) 外国レコードの日本盤について，「最初に固定を行った者」は，外国のレコード会社である。日本のレコード会社は，その原盤の提供を受けてリプレスを行っているに過ぎないので，レコード製作者とはならず，そのレコードに対して何らの権利も有しない。

17) 法では，「商業用レコード」という。「市販の目的をもつて製作されるレコードの複製物をいう。」（法2条1項7号）。

18) ただし，放送又は有線放送を行った者は，二次使用料と呼ばれる報酬をレコード実演家とレコード製作者に支払う義務がある。後の3-7で詳しく説明する。

19) そして，各国で制定された法によって与えられる著作権，著作隣接権の支分権の内容，その権利が存しない場合（たとえば，映画著作物における実演家の権利のワンチャンス主義，その例外として実演家が放送を承諾した場合における放送のための固定の規定，レコードの放送及び有線放送において，実演家とレコード製作者に禁止権が存在しないこと等）などの規定は，条約加盟国においてほぼ共通している。

20) この団体協約書では，放送事業者が脚本家に支払う脚本料により取得する番組の利用権は，「地上波による全国1回の放送」である。初回放送しか許諾の範囲に含まれておらず，それ以外の利用に関しては，すべて追加の支払が必要となる。この定めよりも脚本家に不利な契約を結ぶと，その契約は無効となる。それが「団体協約」の意味するところである。放送事業者に対して力関係が劣後する脚本家らが「組合」を結成し，番組の利用のたびに追加収入が得られるよう，生活を守っているのである。

21) なお，日脚連又はシナ協のいずれにも所属していない脚本家の占める割合は少なくないが，組合加入の脚本家が得られる収入と差別するのは妥当ではないとの考えにより，番組の海外販売では，同じ料率の使用料が支払われる場合がほとんどとなっている。

22) JASRACは，ある程度著名な外国楽曲の著作権もほとんど管理している。これは，海外の各国に存在する音楽の著作権管理団体と相互管理契約を締結しているからである。国内で

外国曲が利用される場合，JASRACが利用を許諾し，利用者から徴収した使用料を当該外国の著作権管理団体に送金する。

23）ここからは，海外現地で行う音楽著作物の「放送」及び「有線放送」の許諾に係る使用料が，現地でそれらを行う者から現地の音楽著作権団体に支払われること，そこで支払われた使用料に日本の作詞家・作曲家の作品が含まれている場合は，当該団体から，相互管理契約により，JASRACに分配されることが読み取れる。これは，著作権の禁止権に触れる利用行為がされる場合，その行為者が著作権の処理義務を負う「蛇口処理」がされることを定めたものである。この理は，現地でネット配信が行われる場合も同様である。

24）なお，「放送」の分野における音楽著作権の管理業務は，長年JASRACのみによって行われていたが，最近，NexToneという管理事業者が新たに参入することになった。NexToneの管理楽曲を国内で放送し，国外の放送または有線放送のために提供する目的で放送番組を複製することに関しても，「包括許諾，包括徴収」が行われるなど，JASRACと同様の内容の協定が民放連とNexToneとの間で結ばれている。その包括使用料は，JASRACに支払う包括使用料の中に含まれる。国内の各放送事業者が1年間に放送する全楽曲の曲目報告書がJASRACとNexToneの双方に提出され，そのうち，NexTone管理楽曲の利用割合分がNexToneに支払われ，その支払額の分を控除した額がJASRACに支払われることを，JASRAC，NexTone，および民放連の三者は合意している。NexToneの利用割合は，まだ1〜2％程度にとどまっている。

25）指定団体は，「権利者から申込みがあつたときは，その者のためにその権利を行使することを拒んではならない。」とされている（法95条7項，97条4項）。自らの実演，レコードが放送で使われたことを発見した者は，指定団体に請求すれば，指定団体が徴収した包括使用料の中から，分配を受けることができる。

26）この芸団協とレコード協会に支払う年間の包括使用料は，現在，両団体に支払う合算額が，JASRACに支払う年間の包括使用料のおよそ6割となっている。

27）フォーマットライセンスの場合と異なり，リメイクを無断で行うことは，脚本家の権利を侵害することは疑う余地がないので，その権利を根拠として制作，および利用の差止を行うことができる。

（日向　央）

第9章
動画配信時代の放送コンテンツ海外展開
〜課題と今後の方向性〜

1　はじめに

　決められた時間に放送される番組を受信機のある場所で視聴するテレビ放送からデジタル・ネイティブの若年層が離れつつある，いわゆる「テレビ離れ」が喧伝されて久しい。その一方では今日，コンテンツとしてのテレビ番組の伝送方法は，いつでも，どこでもアクセスできるインターネット配信にまで広がりつつあり，放送スケジュールに自分のライフスタイルを合わせられないユーザーを中心に支持を集めている。

　このような傾向は日本に特有なものではなく，海外諸国でも同時発生しており，それに付随して世界各地で動画配信サービスの成長が見られる。Grand View Research［2020］によると，2019年に426億ドル規模となる世界の動画配信市場は今後もさらなる拡大が見込まれており，2027年には1,842億ドルに達すると予測される。

　世界的な動画配信の隆盛は映像コンテンツ事業者に新たなビジネスチャンスをもたらす。テレビ番組に関しては，これまでも放送関連の制度や技術の変化に伴う新たなメディアの出現やチャンネル数の増加によって，需要の高まりが見られることがあった。特に増加した放送枠を自社あるいは国内作品で埋められない場合，国外の番組購入に目が向けられ，現に日本の番組も過去にはそのような機会に海外での販売を伸ばしてきた経緯がある（大場［2017］p.239）。このロジックに従って，諸外国に勃興する動画配信サービスが日本の番組の新

たな伝送路として重要な役割を果たしうることは説明可能だろう。

　本章では，日本の放送コンテンツの海外展開における課題と今後の方向性を主に動画配信サービスとの関連性を軸にして考察する。日本のコンテンツ事業者，特に海外展開の中核的役割を果たす放送事業者が，諸外国の動画配信プラットフォームとの協働をどのように自社の成長戦略に活かしうるかを検討する。さらに，巨大プラットフォーム間での覇権争いも予想される世界動画配信市場における，日本独自のプラットフォーム構築の可能性を議論する。近年の動画配信に関する学術的な研究から得られた知見や筆者が定期的に行ってきた実務家へのヒアリング調査結果，各調査機関による予測を織り交ぜながら論考を進めていく。

2　動画配信プラットフォームのビジネスモデル

2-1　コンテンツのウィンドウ展開

　コンテンツ・ビジネスの基本戦略の１つに，完成作品を異なるメディアや市場でそれぞれの需要を勘案しながら逐次的に展開（＝マルチユース）し，作品あたりの収益拡大を目指す「ウィンドウ戦略」と呼ばれる手法がある。各メディアや市場がウィンドウ（窓）に見立てられるため，このような呼称が用いられている。

　ウィンドウ戦略は，映画作品が製作国内外で劇場公開，ビデオ・DVD化，放送と展開されて行く場合に典型的に見られるが，同様にテレビ番組にも用いられてきた（Doyle［2016］p.630；Owen & Wildman［1992］pp.49-52）。海外への番組販売もコンテンツのマルチユースに他ならず，当該番組のウィンドウ展開の中に位置づけられる。

2-2　成長する配信権販売

「日本の放送コンテンツの海外展開」といった場合に一般に想起されやすいのは，日本で製作・放送された番組を海外に販売する「海外番販」と称される業務であり，かつては主に「番組輸出」と呼ばれていたものである。これをより厳密に定義づけるならば，海外の事業者から対価を得て，番組の海外市場での利用を一定期間ライセンスするBtoB型コンテンツ・ビジネスといえる。

図表9-1は近年の日本の放送コンテンツ輸出額の推移をまとめたものである。「商品化権」や「番組フォーマット・リメイク権」といった，番組内に包含される知的財産（Intellectual Property: IP）をメディアミックス的に活用するビジネスの広がりが目を引くが，その一方で海外番販（図表9-1では「番組放送権」，「インターネット配信権」，「ビデオ・DVD化権」が含まれる[1]）が依然として重要な位置を占めていることが確認できる。

図表9-1 ▶日本の放送コンテンツ輸出額推移

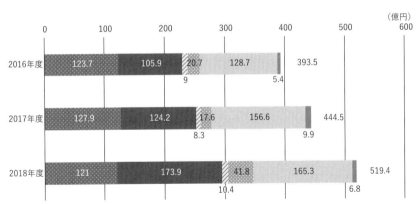

出所：総務省［2020］p.1をもとに筆者作成
注：対象は地上放送事業者，衛星放送事業者，プロダクションなどで，2016年は147社，2017年度は167社，2018年度は195社が回答した。番組放送権を含む複数の権利がセットで販売されている場合は，「番組放送権」として計上されている。「その他」は番組素材販売などを含む。各グラフの右端の数値は合計額。

海外番販において注意したいのは，伝統的な放送権販売が停滞している一方でインターネット配信権販売が成長している点で，2018年度には後者が前者を上回っている。「放送」コンテンツであるにもかかわらず，その海外市場での主たる伝送路は放送から配信にシフトしており，海外番販の主流が交代しつつあることが窺える。

　メディアとコンテンツの関係を考えた場合，放送サービスは厳選された番組が時間軸に沿って1つずつ縦一列に並べられる，いわゆる番組編成を必然的に伴うのに対して，配信サービスは多数の番組をサイト内に横一列に並べることができるという相違点がある。放送事業者がコンテンツのスケジュールを作るのに対して，配信事業者はコンテンツのライブラリーを作るとも指摘され（Lotz［2016］p.135），そこではコンテンツの量的拡充が求められる。実際，海外番販担当者にとって，放送と比べた場合の配信における「コンテンツ売り場の棚の広さ」は利点として認識されている（大場［2018］）。

2-3　ヒット・コンテンツとニッチ・コンテンツ

　インターネット配信の中核に位置するのは，動画配信事業者が管理・運営する「プラットフォーム」，つまりコンテンツ事業者とユーザーを結びつける場である。換言するなら，プラットフォームはコンテンツとユーザーとの接点を押さえており，独自にBtoCビジネスを展開する中で人・カネ・モノがそこに集まるシステムができている。

　いくつかのビジネス形態がある中で，近年主流になりつつある定額動画配信（Subscription Video on Demand: SVOD）においては，オンデマンド・コンテンツを多数集めた自社プラットフォームへのアクセス権がユーザーにサブスクリプションという形で販売される（Smith & Telang［2016］p.10）。当然ながら，そのビジネスの成否は魅力的なコンテンツを集めることに依拠する部分が大きい。

　プラットフォームにおけるコンテンツ配信には一見矛盾するような2つのモ

デルが共存している。1つはプラットフォームにおいてもリアル店舗同様に，利益の大部分は少数のヒット商品から生まれるという考えに基づくものである（Elberse［2008］）。ヒット・コンテンツは最大公約数的なユーザーを自分たちのサービスへ誘引・維持するうえでも重要な意味を持つ。

もう1つは「ロングテール」と呼ばれる，販売機会の少ないニッチ商品を幅広く取り揃えて多品種少量販売で収益を上げようとするものである（Anderson［2004］）。ロングテールはネット販売において広く一般に見られ，Wayne（［2018］p.5）が指摘する通り，動画配信プラットフォームの基本的戦略も多様なユーザーの嗜好に応えるべく幅広いコンテンツを揃えることにある。

以上の2つのモデルを勘案すると，プラットフォームにとって目標とすべきは，なるべく多くのユーザーに満足感と選択肢を与えることである（Smith & Telang［2016］p.75）。そして，そのためにヒット・コンテンツとニッチ・コンテンツの適切な組み合わせが実践されることになる。

2-4　価値の高い新作と独占配信

SVODプラットフォームにおけるヒット・コンテンツの重要な指標は再生回数の多さであり，それが見込まれる作品の獲得には多額の資金が投入される。放送コンテンツに関しては，新しい作品（理想的には放送と同時期に配信される作品），そして独占的に配信される作品がそれに該当するだろう。

複数の日本の海外番販担当者によれば，海外のプラットフォームからは日本で放送されたばかりの最新作販売への要望が多く，特に放送との同時配信が可能ならば高額の配信料を払うという申し出もあるという（大場［2018］）。新作であれば海外市場でも配信コンテンツとしての商品価値は高まるが，そのためには日本での放送と時差なく海外で番組を配信できるかが重要な課題になる。

このような番組の早期配信開始は海賊版対策としても大きな意味を持つ。先のウィンドウ戦略において利益最大化実現のために考慮すべき点の1つは，ウィンドウごとの違法コピーが発生する可能性であり（Owen & Wildman

［1992］p.30），その可能性が高いほどウィンドウは早期に設定されることが望ましい。実際，デジタル・コンテンツが流通する今日では，違法コピーされたDVDや動画ファイルの広がりに対する懸念からウィンドウ間の時差は短縮化される傾向にある（Doyle［2016］p.634）。しかもそのような傾向は，作品の鮮度が高いうちに資金を回収したい製作者側の意向によっても拍車がかかっている。

　しかし市場によっては様々な理由によって正規の配信開始に時間がかかり，その間に違法コピーが蔓延することもある。例えば，中国では番組は配信に先駆けて国家広播電視総局の承認が義務づけられるが，結果として正規版の配信時期の遅延が生じ，その間に違法動画が広まるという弊害が生まれている（Gilardi et al.［2018］p.214；Zhang［2019］p.232）。このような違法動画はコミュニティサイトの人気ドラマ・ランキングで高評価を得たり，メッセージアプリで話題になると，さらに視聴ユーザー数を増やす。

　プラットフォームにおいて価値の高い番組の要素をもう1つ挙げるならば，プレミアム感の源泉となる独占配信を伴うものだろう。「この作品はここでしか見られない」と謳うことは，新作であることと同様に重要なマーケティング文句であるし，競合他社との差別化の大きな要因ともなりうる。したがって，一般にプラットフォーム事業者はコンテンツの独占配信権獲得に高いコストをかける（Doyle［2016］pp.636-637）。

　ただその一方で興味深いのは，独占的利用が許諾される放送権やビデオ・DVD化権と異なり，配信権は競合する複数のプラットフォームへ同時に，つまり非独占という形でも販売される点である。先に「配信事業者はコンテンツのライブラリーを作る」と記したが，非独占的な配信権獲得が実質的に各プラットフォームにおけるコンテンツの量的な充実を担っているとも考えられる。日本の番組の海外での配信権販売に関しても，配信開始から時間が経つにつれ，独占から非独占に推移することは珍しくない（大場［2018］）。

　つまり，番組は当初，高額な配信権料と引き換えに特定プラットフォームによって独占的かつ排他的に配信され，そのプレミアム性が強調されるが，やが

て時間の経過とともに他のプラットフォームでも配信が開始され，それと同時に新規性や稀少性が薄れて行くと考えられる。海外配信市場に限定しても，複数のプラットフォーム間で配信開始時期の差異化が行われることで何層かのサブ・ウィンドウが出現するなど，テレビ番組のウィンドウ展開が複雑化していることがわかる（図表9-2参照）。

図表9-2 ▶ 新作テレビ番組のウィンドウ展開

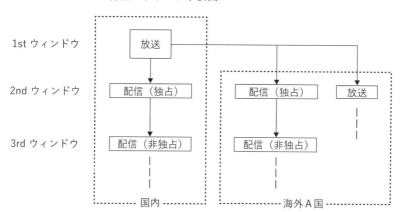

注：ここでの「新作」とは日本での放送と同時あるいは同時期に海外に販売される作品を指す。特定市場（図表では海外A国）で同一事業者が配信権と放送権を獲得した場合，当該市場内で配信と放送が同時に行われうる。
筆者作成

3　オリジナル・コンテンツへの関与

3-1　オリジナル・コンテンツとは何か

　新作の独占配信を重要視するプラットフォームの中には，オリジナル・コンテンツに注力するものもある。その典型が，2020年末段階で世界中に2億370万の契約者を持つNetflixである。Netflixを特徴づけるのはコンテンツへの巨額の出費であり，BMOキャピタル・マーケッツ社（BMO Capital Markets）

によれば，その額は2020年には173億ドル（約1.8兆円）に達すると予測されるが，その大部分はオリジナル・コンテンツに費やされる（Vlessing［2020］）。

　Netflix同様，グローバル・プレイヤーとしてSVODサービスの世界展開を行うAmazonも65億ドル（約6,900億円）の投資が見込まれている。このようなプラットフォームによるコンテンツ投資だけで数兆円規模のカネが動いていることがわかる。それは主にユーザーからのサブスクリプション・フィーで回収されるが，サブスクリプションは魅力的なコンテンツの有無に依拠する部分が大きいので，プラットフォームはコンテンツへの投資を減らせないという消耗戦のような様相を呈する。

　プラットフォームにとってオリジナル・コンテンツは自社のブランド力を強めるとともに，ユーザーの囲い込みに寄与するなど，巨額の投資に見合う価値があると考えられる（Kung［2017］pp.58-59；Ulin［2013］p.329）。ここでのオリジナル・コンテンツとは，第一義的にはプラットフォームが制作出資するとともに企画段階から関わっている作品である。プラットフォームが製作・配給（配信）を行うという意味で，劇場映画におけるスタジオ・ディールのような形を取る。

　しかし，現実にはオリジナル・コンテンツが意味するところは曖昧で，例えばNetflixの場合，他社製作の作品であっても自社が特定市場における独占配信権を獲得していれば，その市場ではマーケティング上，「Netflixオリジナル」と謳っている（Lotz & Havens［2016］pp.1-2）。また，事前に契約を済ませ，作品の完成納品段階で買い切るフラット・ディールのような形も含まれると想定されるが，いずれにせよ制作費負担や収益の分配を含めて契約体型は非公開であり，外部からは把握しづらい。

　一般に魅力的なコンテンツを開発する力は，競合他社が模倣・獲得できない中核能力，いわゆるコア・コンピタンスになりうる（Hamel & Prahalad［1990］p.83）。しかし，プラットフォームは本来コンテンツ流通を生業としており，ユーザーの視聴データは豊富に所有しているにしても，実際の創作活動を含むコンテンツ制作の源泉となる知識ベース資源（Chan-Olmsted［2006］

p.30）は他社に依存せざるをえず，国内外のコンテンツ関連企業との協働が必須となる。そこには当然，日本の関連企業にとっても商機が生まれる。

3-2　グローバル・プレイヤーとの協働

　Netflixは2015年9月に日本でサービスを開始した際，フジテレビの人気リアリティ番組『テラスハウス』の新シリーズ「BOYS & GIRLS IN THE CITY」をオリジナル・コンテンツとして独占配信した。同作が，フジテレビ系列での放送やフジテレビ・オンデマンドでの配信に先駆けてNetflixに登場したことは，従来のウィンドウ展開パターンからの逸脱が感じられたが，日本のユーザーにNetflixの関心を喚起し，実際に新規契約者を獲得するうえで一定の効果があったと思われる。

　さらに重要なのは，Netflixが自社のグローバル・ネットワークを通して『テラスハウス』を世界中のユーザーにも届けた点である。一般にリアリティ番組はフォーマットが売買され，各国で現地版が作られる事例が多く見られるジャンルである。一方『テラスハウス』は日本オリジナル版が海外諸国でも配信され，それがアメリカのNew York TimesやTime，イギリスのBBCといった影響力のあるメディアに取り上げられると，欧米のリアリティ番組とは異なる作風が話題を呼んだ（WIRED.jp_U［2017］）。

　非ローカライズ・コンテンツであるがゆえに各国のユーザーに一層新鮮に映ったのかもしれない。あるいは，Netflixのようなグローバルなプラットフォームにはそもそもコンテンツの原産国に無頓着であったり，自国産以外のコンテンツに対して抵抗感の少ないユーザー層が多いのかもしれない。

　いずれにせよ，グローバル・プレイヤーが日本側に求める番組企画は必ずしもグローバルを意識したものだけではなく，むしろローカルに根差したものも多く見受けられる。これは，それらプラットフォーム自体が世界規模で拡張する中で，それぞれに異なる文化や社会を反映する多様なコンテンツ・ラインアップを必要としていることの証左のようでもある。番組の海外展開のために

は海外市場の文化や嗜好を視野に入れた制作を行う必要があるという紋切型の主張がこれまで繰り返されてきたが，それとは価値観がやや異なっている点が興味深い。文化的背景が異なっていても共感できるようなコンテンツが求められているということなのだろう。

　グローバル・プレイヤーのオリジナル・コンテンツに関与することは，日本のコンテンツ関連事業者にとってメリットがいくつかある。例えば，独自に各国の事業者を相手に1社ずつ販売していたならば実現困難であろう，広範性と同時性を伴うコンテンツ海外展開が可能になるし，番組クレジットに登場する自社名を世界各国で高めることにもできる。もちろん，制作委託であれ，買い切りであれ，グローバル・プレイヤーがそこに多額の資金を投入するなら，協働する側にとっては経済的なインセンティブも大きいだろう。

　その一方で，放送事業者からはグローバル・プレイヤーとの協働に対して，メリットが少ないという声も聞かれる。その理由の1つは，コンテンツ配信における主導権を失いうる点だ（大場［2018］）。コンテンツにかかる諸権利の中で配信権の価値は高まる一方であり，今日では放送事業者も自ら国内で動画配信ビジネスに参入し（例：日本テレビのHulu），また国外でも独自に配信権販売を行っているが，グローバル・プレイヤーは配信権の運用において強い力を発揮しうる立場にある。しかもレベニューシェアでない限り，追加報酬は発生しないだろうし，プラットフォームが所有する視聴データも開示・共有されないものと推測される[2]。

　実のところ，グローバル・プレイヤーによる日本のローカル・プロダクションへの投資は，放送事業者以上に番組制作会社（あるいは個人のクリエーター）に対して，より大きな動機づけを与えるものかもしれない。それらにとって制作請負は本業であることに加え，放送局にほぼ限られていた取引相手の選択肢が広がるとともに，これまでにない潤沢な制作費が提供される可能性があるからだ。

3-3　中国巨大プラットフォームとの協働

　日本の番組企画や制作力への希求はグローバル・プレイヤーのみならず，世界一のインターネット人口を抱える中国で成長著しいプラットフォームにも顕著に見られる。中国では，大手IT事業者のBaidu（百度），Alibaba（阿里巴巴），Tencent（騰訊）のそれぞれ傘下にあるiQIYI（愛奇芸），Youku（優酷），Tencent Video（騰訊視頻）が3大プラットフォームとして動画配信業界を牽引する。

　これら中国の巨大プラットフォームに共通する大きな特徴の1つは，先に見たグローバル・プレイヤー同様，コンテンツへの投資額の大きさで，SVOD契約者が1億人を超える最大手のiQIYIの場合，その額は32億ドル（約3,400億円）に達している（IHS Markit［2018］）。Netflixの5分の1強ではあるが，オリジナル・コンテンツ製作も盛んに行われている。

　2010年代中盤以降，中国で外国製コンテンツの配信に対する量的規制が強まる中で，それを回避するループホールを利用する方法として推し進められたのが，中国製コンテンツとして扱われる「外国番組のリメイク」だった。例えば，フジテレビは2013年から18年までの間に約50タイトルのドラマのリメイク権を海外に販売したが，その半分は対中国市場向けだった（Blair［2019］）。

　日本の放送事業者はリメイク権を売ることで，番組パッケージの配信権販売では困難な市場参入が可能になり，一方，中国の動画配信事業者はリメイクによって現地化を進めることができ，オリジナル・コンテンツの充実にもつながる。しかもリメイクの対象となる外国作品は中国でよく知られるものが多いため，視聴者の関心を喚起しやすく，宣伝費の抑制にもつながる。このようにリメイク権販売は日中双方に利点が感じられ，ウィンウィン（Win-Win）関係が期待された。

　しかし，筆者が中国のプラットフォーム関係者を対象に行ったヒアリングでは，中国での日本ドラマのリメイクは換骨奪胎どころか，オリジナル版に忠実であろうとするがゆえに大胆な翻案や適切な現地化が行われず，失敗に終わる

ことも少なくなかったという指摘もなされた（大場［2020］p.23）。近年，自国産IPの育成が国策として推進されるにつれて，中国では海外のドラマのリメイク・ブームは明らかに減退している。

　このような状況変化を踏まえて，日本の放送事業者による中国プラットフォームのオリジナル・コンテンツへの新たな関与方法が模索されている。しかし共同制作であっても，中国特有の規制ゆえにコンテンツ・ホルダーとして現地でライツビジネスを展開することは実質的に困難な状況にあり，動機づけの難しさも窺える。ある海外番販担当者は筆者に「中国と商売するためには名より実を取る」と語ったが，企画や制作への様々な形での協力に対する支払い，あるいは追加収入に対する配当などのインセンティブを契約でどの程度確保できるかが鍵になるだろう。

4　海外プラットフォーム・ビジネスへの参入

4-1　プラットフォーム・イズ・キングなのか

　前節では，グローバル・プレイヤーと中国の巨大プラットフォームがそれぞれにオリジナル・コンテンツに注力する状況下での，それらと日本のコンテンツ事業者との関係性を考察した。プラットフォーム間の差別化要素として，独自で排他的なコンテンツに重きが置かれている意味では，かねてから言われてきた「コンテンツ・イズ・キング」というパラダイムは依然として説得力を持つと考えられる。しかし，プラットフォームによるオリジナル・コンテンツに顕著なように製作・配信間の垂直統合の動きが加速すれば，外部コンテンツ・ホルダーの優位性は弱まりうる。

　しかも先述のとおり，プラットフォームはユーザーとの接点という重要なレイヤーを押さえており，ITビジネスのエコシステムを支える土台として情報や資金を循環させる動力源となっている（根来［2013］p.31）。Walt Disneyのような世界屈指のコンテンツ企業がSVODサービスのDisney＋を開始したのも，

1つにはNetflixなど既存プラットフォームの支配力への対抗という意図があるのだろう[3]。しかしそれ以上に，自社プラットフォーム上でユーザーとの接点を確保することで，そこから得られるデータをコンテンツやマーチャンダイズの開発およびマーケティングに活用する狙いがあるとも推測される。

4-2　プラットフォームの覇権争い

2019年から2020年にかけて，上記のDisney＋など，いくつかの有力コンテンツ企業が新たにプレイヤーとして参入したことで，動画配信プラットフォーム間の競争は今後さらに激化しそうな様相である。NetflixやAmazonが享受する先行者優位も，どの程度持続可能なのかは不透明だ。では，プラットフォーム間のパワーバランスを世界的な視野で見た場合，どのような将来展望が描き出されるのだろうか。

図表9-3 ▶世界のSVOD契約者数予測（2025年，万人）

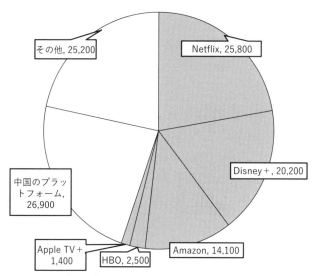

出所：Digital TV Research［2020a］をもとに筆者作成

Digital TV Researchは，2025年には世界のSVOD契約者数は11億6,000万人に達すると予測する。図表9-3はそれら契約者のプラットフォーム別内訳を示すものだが，5つのグローバル・プレイヤー（図表の網掛け部分），とりわけNetflix，Disney＋，Amazonの3強の規模は突出しており，それらだけで全体の半分強（6億1,000万人）を占めている。一方，中国のプラットフォームの合計分が全体の約23％となっており，Netflix1社分よりも幾分多い程度であることが確認できる。

次に視点をアジア太平洋地域に限定すると，異なった構図が見えてくる。再びDigital TV Researchの予測によれば，2025年の同地域のSVOD契約者数は4億1,700万人に達するが，プラットフォーム別内訳（図表9-4）を見ると，全体の65％近く（約2億6,900万人）が中国のプラットフォームによって占められている（図表の網掛け部分）。中国国内の有料動画配信契約者が2018年の

図表9-4 ▶ アジア太平洋地域のSVOD契約者数予測（2025年，万人）

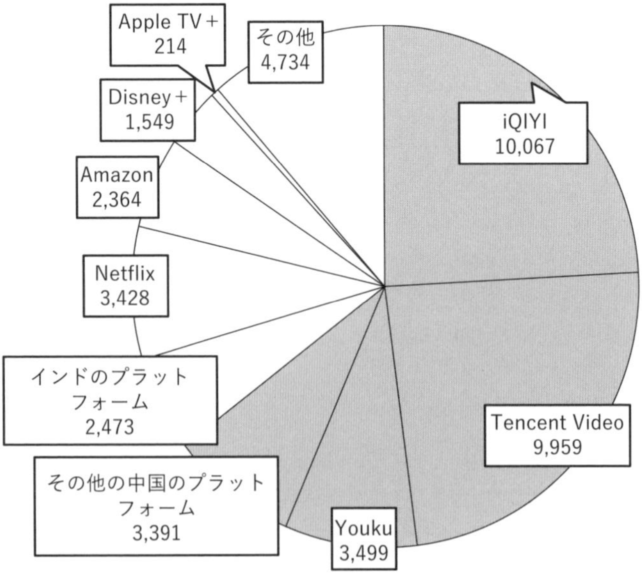

出所：Digital TV Research ［2020b］をもとに筆者作成

段階で既に2億人を超えていたことを考えれば，当然の推移とも考えられるが，相対的にNetflixやAmazon，Disney＋などグローバル・プレイヤーのシェアは小さい。

　2020年までNetflixをはじめとするグローバル・プレイヤーは中国への進出が認められておらず，一方，中国のプラットフォームの活動は概ね中国内に限られており，両者が競合する機会は少なかった。それどころか，実際にはNetflixのオリジナル・コンテンツをiQIYIやYoukuが中国で配信するなど，近年のハリウッドと中国の蜜月状態が移行したかのような良好関係も見られた。

　しかし，今後はそのような関係に変化が生じる可能性がある。iQIYIなど中国の巨大プラットフォームは急速に海外展開を進めており，これまでのようなオリジナル・コンテンツの他国への販売のみならず，プラットフォーム自体の海外進出にも乗り出しているからである。

　このような動きは，中国自体が海外のプラットフォームに市場を開放していないことを勘案すれば，ビジネス倫理的な問題を含んでいる点は否定できない。ただし，主な進出先として挙げられる東南アジア諸国においては，価格と文化的近似性に利がある中国勢が優勢という推測は成立し得るし，実際に筆者が面談したiQIYIの実務家からもNetflixに対する自信が窺えた（大場［2021］pp.24-25；Lobato［2018］p.244）。

　東南アジア諸国は日本の放送コンテンツの海外展開においても重要市場と位置づけられ，実際に官民挙げて様々な施策が行われてきた経緯がある。上記のような中国の巨大プラットフォームの動向を勘案するならば，今後はそれらとの協働を中国市場のみならず，東南アジア市場へのリーチも視野に入れた形で実現させることができるかが戦略的に重要になるようにも考えられる。いずれにせよ，中国の巨大プラットフォームが力をつけ，グローバル・プレイヤーとの覇権争いが起こることも予想される世界動画配信市場で，日本のコンテンツ関連事業者はどのような立ち位置を取るべきか，真剣に検討される必要がある。

4-3　ジャパン・プラットフォームの可能性

　プラットフォームの海外展開に関しては，ここまで考察したようなグローバルあるいは中国の巨大プラットフォームの動向が世界的な注目を集めることが多いが，実はそれ以外にも興味深い動きを見せるプレイヤーが存在する。現状では規模は大きくないものの，自国で製作されたコンテンツに特化し，それを自国外のユーザーに届けるようなプラットフォームである。

　例えば，イギリスの公共放送BBCと大手民間放送ITVのジョイントベンチャーとして，2017年3月にアメリカでSVODサービスを開始したBritBoxがある。イギリスの新作および旧作ドラマシリーズを中心としたコンテンツを揃えており，2020年7月の段階では既にサービスを展開している北米およびイギリス本国に加え，25か国まで市場を広げる構想を明らかにしている（Easton［2020］）。

　もう1つの例としては，韓国の大手放送局KBS，MBC，SBSがジョイントベンチャーとして2017年7月，アメリカで始めたSVODサービスのKocowaがある。Kocowaは韓国ドラマをはじめとするテレビ番組やK-Popのビデオ，関連ニュースを配信しており，日本にも進出している。ここで挙げたBritBoxやKocowaは，NetflixやAmazonのようなグローバル・プレイヤーを追従するよりも，世界各国に点在するイギリスあるいは韓国コンテンツのファンというニッチ層を狙ったものと考えられる。

　一方，それらの日本版に相当するようなサービス，つまり日本の放送事業者が共同で運営し，海外市場で日本のコンテンツを専門的に配信するサービスは存在しない。日本国内に目を向ければ，2015年10月に在京キー局が中心となって始めたTVerという無料動作配信サービスがある。そこで配信されるコンテンツの多くは放送済み番組であり，それら番組を見逃した視聴者のキャッチアップを主な目的としているので，BritBoxやKocowaとはコンセプトが異なる。しかし，Tverと同じような座組を中心としつつローカル局までも含めたオールジャパン体制を組み，日本のコンテンツを専門的に扱う自前の流通網を

海外市場に構築するメリットは少なくないと予想される。

　具体的なメリットとしてまず想起されるのは，それがSVODモデルであれ，あるいは広告モデル（Ad-Supported Video on Demand: AVOD）であれ，多種多様な日本のコンテンツを集めて配信することでマネタイズできることである。さらに海外の日本コンテンツ・ファンが集まるコミュニティとして機能し，そういった層の維持および拡大にも寄与し得る。

　しかし，それだけではこれまで存在した日本の番組専門のテレビチャンネルと大差は感じられない。むしろ，より大きい価値を生むと考えられるのは，既に議論してきたとおり，ユーザーがプラットフォームに残す個人情報と膨大な量の視聴履歴である。これらを活用することによって，リコメンデーション機能などでユーザーの利便性を高められ，さらにAVODモデルであれば，ユーザーの属性や興味・関心を抽出し，マイクロ・ターゲティングで個々に適切な広告を届けることができる。

　白眉となるのは，Netflixの実例がつとに知られるように，プラットフォームに集積されたビッグデータを分析することで，これまでややもすると関係者の勘や経験，主観的な憶測に頼ることが多かったコンテンツ開発に変化を起こせる点だ。例えば，日本の放送コンテンツの何が海外の視聴者にとってフックになるのかといった，可視化されにくかった情報も数値として把握することができるようなり，それをコンテンツ製作に活かすことが可能になる。

　さらに，視聴データの活用は以下のような点にも及ぶ。近年，放送コンテンツの海外展開への公的支援の根拠として他産業への経済的波及効果が繰り返し唱えられてきた。具体的には訪日観光客の増加や日本製品の販路拡大などが目標とされるが，関連コンテンツ（例えば，ローカル局による海外向け地域情報紹介番組）の視聴データは，インバウンドや地域産品のさらなるプロモーション活動に役立てることができるだろう。このような波及効果への寄与も期待されるからこそ，海外市場におけるプラットフォーム構築はオールジャパン体制で取り組むに値する施策と考えられるのである。

＊本章の一部は，公益財団法人放送文化基金から受けた2018年度助成の成果である。

■ 注 ────────────────────────────

1）総務省［2020］p.4.

2）Netflixとの取引があるアニメ制作会社幹部も実際にこの点を指摘している（井上［2020]）。

3）対抗策の1つとしてDisneyはNetflixから自社作品を引き上げている。このような戦略は，Disneyと同じようにコンテンツ企業であるWarner MediaやNBC Universalが動画配信ビジネスに新規参入する際にも採られている。

■ 引用・参考文献 ────────────────────────────

【日本語文献】

井上昌也［2020]「ネットフリックスが『アニメ』を重視する理由」『東洋経済オンライン』2020年5月5日．https://toyokeizai.net/articles/-/347660

大場吾郎［2017]『テレビ番組海外展開60年史』人文書院．

大場吾郎［2018]「海外市場における日本のテレビ番組配信の成長要因と課題」情報通信学会第38回大会，2018年7月1日．

総務省［2020]「放送コンテンツの海外展開に関する現状分析（2018年度）」https://www.soumu.go.jp/main_content/000691007.pdf

根来龍之［2013]『プラットフォームビジネス最前線』翔泳社．

WIRED.jp_U［2017]「世界は『テラスハウス』をこう観る Netflix Japanが語る『日本オリジナル』の国際競争力」『WIRED』2017年1月13日. https://wired.jp/2017/01/13/terrace-house/

【英語文献】

大場吾郎［2021］Practical issues regarding the expansion of Japanese broadcast-related content business in the Chinese video streaming market.『情報通信学会誌』第38巻3号，pp.15-27.

Anderson, C.［2004］The long tail. *WIRED,* October 1, 2004. https://www.wired.com/2004/10/tail/

Blair, G. J.［2019］Shanghai: Fuji TV exec talks growing Japan-China business, 'incredible' success of 'Terrace House'. *The Hollywood Reporter,* June 15, 2019. https://www.hollywoodreporter.com/news/shanghai-fuji-tv-executive-growing-china-business-terrace-house-1218377

Chan-Olmsted, S. M.［2006］*Competitive strategy for media firms.* New York: Routledge.

Digital TV Research［2020a］*Global SVOD forecasts.* https://www.digitaltvresearch.com/products/product?id=284

Digital TV Research［2020b］*Asia Pacific OTT TV and video forecasts.* https://www.digitaltvresearch.com/products/product?id=279

Doyle, G.［2016］Digitization and changing windowing strategies in the television industry: Negotiating new windows on the world. *Television and New Media, 17*（7），pp.629-645.

Easton, J.［2020］BritBox announces international expansion in up to 25 countries. *Digital*

TV Europe, July 27, 2020. https://www.digitaltveurope.com/2020/07/27/britbox-announces-international-expansion-in-up-to-25-countries/

Elberse, A. [2008] Should you invest in the long tail? *Harvard Business Review,* July-August, 2008. https://hbr.org/2008/07/should-you-invest-in-the-long-tail

Gilardi, F., Lam, C., Tan, K., White, A., Cheng, S., & Zhao, Y. [2018] International TV series distribution on Chinese digital platforms: Marketing strategies and audience engagement. *Global Media and China, 3*（3）, pp.213-230.

Grand View Research Inc. [2020] *Video streaming market size, share & trends analysis report by streaming type, by solution, by platform, by service, by revenue model, by deployment type, by user, by region, and segment forecasts, 2020-2027.* San Francisco: Grand View Research Inc.

Hamel, G. & Prahalad, C. K. [1990] The core competence of the corporation. *Harvard Business Review, 68*（3）, pp.79-91.

IHS Markit [2018] China's TV programming market is now second only to the US, IHS Markit says. August 20, 2018. https://news.ihsmarkit.com/prviewer/release_only/slug/technology-chinas-tv-programming-market-now-second-only-us-ihs-markit-says

Kung. L. [2017] *Strategic managemanent in the media: Theory to practice.* London: Sage.

Lobato, R. [2018] Rethinking of International TV flows research in the age of Netflix. *Television & New Media, 19*（3）, pp.241-256.

Lotz, A. D. [2016] The paradigmatic evolution of U.S.television and the emergence of Internet-distributed television. *Icono, 14*（2）, pp.122-142.

Lotz, A. D. & Havens, T. [2016] Original or exclusive? Shifts in television financing and distribution shift meanings. *Antenna: Responses to Media and Culture,* January, 2016, pp.1-2.

Owen, B. M. & Wildman, S. S. [1992] *Video economics.* Cambridge, MA: Harvard University Press.

Smith, M. D. & Telang, R. [2016] *Streaming, sharing, stealing: Big data and the future of entertainment.* Cambridge, MA: The MIT Press.

Ulin, J. [2013]. *The business of media distribution.* Burlington, MA: Focal Press.

Vlessing, E. [2020] Netflix to invest $17.3 billion in content in 2020, analyst estimates. *The Hollywood Reporter,* January 16, 2020. https://www.hollywoodreporter.com/news/netflix-invest-173-billion-content-2020-analyst-estimates-1270435

Wayne, M. [2018] Netflix, Amazon, and branded television content in subscription video on-demand portals. *Media, Culture and Society, 40*（5）, pp.725-741.

Zhang, X. [2019] From Western TV sets to Chinese online streaming services: English-language TV series in mainland China. *Journal of Audience & Reception Studies, 16*（2）, pp.220-242.

（大場　吾郎）

【索　　引】

■ 執筆者紹介（執筆順）

大場　吾郎（おおば　ごろう）　　　　　　　　　　第1・9章，編集
奥付「編著者紹介」参照。

長谷川　朋子（はせがわ　ともこ）　　　　　　　　　　　第2章
㈱放送ジャーナル社取締役，テレビ業界ジャーナリスト
昭和女子大学文学部英米文学科卒業

内山　隆（うちやま　たかし）　　　　　　　　　　　　　第3章
青山学院大学総合文化政策学部教授，（一社）日本民間放送連盟研究所客員研究員などを兼務。
学習院大学大学院経営学研究科博士後期課程満期退学

浅利　光昭（あさり　てるあき）　　　　　　　　　　　　第4章
㈱メディア開発綜研主席研究員，日本大学法学部など非常勤講師
上智大学大学院文学研究科新聞学専攻博士後期課程単位取得退学

永野　ひかる（ながの　ひかる）　　　　　　　　　　　　第5章
朝日放送テレビ㈱総務局国際業務担当マネージャー，同志社女子大学学芸学部非常勤講師
大阪外国語大学（現・大阪大学外国語学部）中国語学科卒業

小泉　真理子（こいずみ　まりこ）　　　　　　　　　　　第6章
京都精華大学マンガ学部准教授，慶應義塾大学非常勤講師
東京大学大学院博士後期課程修了（博士（環境学）），三菱商事㈱勤務などを経て現職

渡邊　悟（わたなべ　さとる）　　　　　　　　　　　　　第7章
NHK2020東京オリンピック・パラリンピック実施本部副部長，東京大学大学院総合文化
研究科非常勤講師
英国・ボーンマス大学大学院修士課程修了

日向　央（ひゅうが　ひさし）　　　　　　　　　　　　　第8章
㈱TBSテレビ法務・コンプライアンス統括室ビジネス法務部，中央大学国際情報学部非常
勤講師
学習院大学法学部卒業

214

■ 編著者紹介

大場吾郎（おおば　ごろう）

佛教大学社会学部教授。米国・フロリダ大学大学院博士課程修了（Ph.D. in Mass Communication）。専門はメディア産業論，コンテンツビジネス論。日本テレビ放送網㈱勤務などを経て現職。主な著書は『テレビ番組海外展開60年史』（2017年，人文書院），『韓国で日本のテレビ番組はどう見られているのか』（2012年，人文書院），『アメリカ巨大メディアの戦略』（2009年，ミネルヴァ書房），『グローバル・テレビネットワークとアジア市場』（2008年，文眞堂），『図説　日本のメディア（新版）』（共著，2018年，NHK出版），『コンテンツビジネスの経営戦略』（共著，2017年，中央経済社）など。

放送コンテンツの海外展開
デジタル変革期におけるパラダイム

2021年8月10日　　第1版第1刷発行

編著者	大　場　吾　郎	
発行者	山　本　　　継	
発行所	㈱中央経済社	
発売元	㈱中央経済グループ パブリッシング	

〒101-0051　東京都千代田区神田神保町1-31-2
電話　03 (3293) 3371 (編集代表)
　　　03 (3293) 3381 (営業代表)
https://www.chuokeizai.co.jp
印刷／三英印刷㈱
製本／有井上製本所

Ⓒ 2021
Printed in Japan

＊頁の「欠落」や「順序違い」などがありましたらお取り替えいたしますので発売元までご送付ください。（送料小社負担）

ISBN978-4-502-38361-8　C3034

コンテンツビジネスの経営戦略

公益財団法人
情報通信学会コンテンツビジネス研究会〔編〕

● A 5 判／ 240 頁
● ISBN：978-4-502-22991-6

> コンテンツビジネスの諸課題を抽出し，メディア横断的に比較検討する。これにより，各メディアの相違点を明らかにするとともに，普遍性のある特性や法則も浮き彫りにする。

◆本書の主な内容◆

中央経済社